Yakov Perelman

Oh, l'Arithmétique !

Mathématiques

 Le code de la propriété intellectuelle du 1er juillet 1992 interdit en effet expressément la photocopie à usage collectif sans autorisation des ayants droit. Or, cette pratique s'est généralisée dans les établissements d'enseignement supérieur, provoquant une baisse brutale des achats de livres et de revues, au point que la possibilité même pour les auteurs de créer des œuvres nouvelles et de les faire éditer correctement est aujourd'hui menacée. En application de la loi du 11 mars 1957, il est interdit de reproduire intégralement ou partiellement le présent ouvrage, sur quelque support que ce soit, sans autorisation de l'Éditeur ou du Centre Français d'Exploitation du Droit de Copie , 20, rue Grands Augustins, 75006 Paris.

ISBN : 978-3-96787-982-7

10 9 8 7 6 5 4 3 2 1

Yakov Perelman

Oh, l'Arithmétique !

Mathématiques

Table de Matières

Préface   7

Chapitre I : Systèmes numériques   7

Chapitre II : Des obstacles dans la table de Pythagore   23

Chapitre III : Descendants de l'ancien abaque   30

Chapitre IV : Un peu d'histoire   40

Chapitre V : Systèmes numériques non décimaux   52

Chapitre VI : Musée des curiosités numériques   63

Chapitre VII : Des tours sans tricher   88

Chapitre VIII : Calculs rapides et calendrier perpétuel   110

Chapitre IX : Des nombres géants   121

Chapitre X : Des Nombres Lilliputiens   137

Chapitre XI : Voyages arithmétiques   146

Préface

Ce livre est différent des autres livres d'arithmétique, non pas par le matériel qu'il contient, mais par la manière dont ce matériel est traité et présenté. Il n'étudie pas seulement les sujets d'arithmétique abordés à l'école, mais analyse également comment ces derniers peuvent être utilisés dans divers autres domaines et pour résoudre des problèmes de la vie réelle. De plus, il n'essaie pas de transformer des problèmes agréables en des tâches fastidieuses et infructueuses. Il évite les problèmes difficiles et sélectionne uniquement des sujets accessibles à la majorité des lecteurs.

Bien que ce livre soit recommandé aux lecteurs déjà familiers avec les notions de base de l'arithmétique, il peut également être utilisé par les débutants désireux de découvrir ce domaine des mathématiques.

Chapitre I : Anciens et nouveaux nombres et systèmes numériques

Des signes mystérieux

Au début de la révolution russe (mars 1917), les habitants de la ville de Petrograd (maintenant Saint-Pétersbourg) étaient assez déconcertés et même alarmés par certains signes mystérieux qui ont fait leur apparition sur les portes de plusieurs appartements. Plusieurs rumeurs circulaient quant aux raisons de ces signes. Ceux que j'avais vus se présentaient sous la forme de points d'exclamation qui alternaient avec des croix (ressemblant à celles placées sur les tombes). De l'avis général, ces signes n'étaient pas une bonne chose, car ils semaient la peur parmi les citoyens. Des rumeurs sinistres circulaient dans la ville. Les gens parlaient d'un groupe de bandits qui notaient ces signes pour marquer les appartements de leurs futures victimes.

Essayant de calmer la population, le « commissaire de Petrograd » affirma que « l'enquête a révélé que les signes mystérieux apparus sur les portes des citoyens ordinaires sous forme de croix, de lettres, etc., ont été réalisés par des provocateurs et des espions allemands. » Il invita les habitants à les effacer et à les détruire.

Il y avait des points d'exclamation et des croix mystérieux et sinistres à la porte de ma maison et de celles de mes voisins. Une certaine expérience dans la résolution d'énigmes complexes m'a cependant aidé à résoudre ce secret de cryptographie simple et pas si complexe. Je me suis empressé de partager ma « découverte » avec mes concitoyens en plaçant la note suivante dans les journaux :[1]

Signes mystérieux

« En ce qui concerne les signes mystérieux apparus sur les murs de plusieurs appartements de Petrograd, il serait utile de clarifier la signification d'un certain type de ces signes, qui, malgré leur style inquiétant, sont d'origine très innocente. Je parle des signes de ce type :

†!! ††!!!!! †††!!!

Des signes similaires sont observés dans de nombreuses maisons à l'arrière des escaliers ou sur les portes des maisons. En règle générale, des signes de ce type sont présents sur toutes les portes de maisons actuellement, et dans une maison deux signes identiques peuvent être observés. Leur sombre marque inspire naturellement de l'anxiété aux locataires. Cependant, leur signification est assez innocente et peut être résolue facilement si nous les comparons avec les numéros des maisons en question. Par exemple, les signes ci-dessus se trouvent aux portes des maisons numéro 12, 25 et 33 respectivement :

†!!   ††!!!!!   †††!!!
12   25   33

Il n'est pas très difficile de deviner que les croix signifient les

---
[1] L'édition du soir du journal « Stock Exchange Sheets » du 16 mars 1917.

dizaines et les bâtons signifient les unités. Cette règle a permis de résoudre toutes les occurrences que j'ai vues sans exception. Cette règle de numérotation a été faite par des travailleurs chinois[1] qui n'utilisent pas nos numéros. »

Je suppose que ces chiffres étaient là avant la révolution. Cependant, ils n'ont attiré l'attention que des citoyens anxieux maintenant. Des signes mystérieux du même type (mais avec des croix obliques au lieu de droites) ont été trouvés dans les maisons où les ouvriers étaient des paysans russes venus de villages. Il n'est pas difficile de trouver les vrais auteurs de ces caractères cryptographiques et nous ne devons pas nous attendre à ce que leurs désignations « astucieuses » de maisons provoquent un tel émoi.

Numérotation des anciens

Où les ouvriers de Petrograd ont-ils trouvé cette méthode simple de représentation des nombres : Des croix pour les dizaines, des bâtons pour les unités ? De toute évidence, ils ne proposaient pas ces signes par eux-mêmes. Ils les ont ramenés de leurs villages, où ils étaient déjà utilisés depuis longtemps et étaient connus de tous, y compris des paysans analphabètes des coins les plus reculés et les plus obscurs de la Russie.

Il ne fait aucun doute que ces signes remontent à l'Antiquité et étaient largement utilisés non seulement en Russie mais dans d'autres régions du monde. Il convient de mentionner leur proximité frappante avec les symboles chinois et les chiffres romains simplifiés. En effet, dans la numérotation romaine, les bâtons sont utilisés pour représenter les unités, et les croix obliques sont utilisées pour représenter les dizaines.

Curieusement, il s'agissait d'une numérotation populaire qui était autrefois utilisée et légale en Russie : Les percepteurs d'impôts utilisaient un système similaire, mais plus développé, et enregistraient les taxes dans des cahiers en utilisant des signes similaires. « Le percepteur - nous lisons dans l'ancien « code des lois » - acceptant des ménages le montant qu'il a demandé, devrait

---
1 Ils avaient passé beaucoup de temps à Saint-Pétersbourg. Plus tard, j'ai appris que le caractère chinois pour 10 n'est que la forme de croix spécifiée ci-dessus. Les Chinois n'utilisent pas nos chiffres « arabes ».

enregistrer ce montant dans un cahier au nom du ménage. Le montant est inscrit à la fois en chiffres et en signes. Les signes utilisés doivent être standards pour être faciles à reconnaitre, à savoir :

```
Dix roubles . . . . . . . . . . . . . . . . . . . . . . . □
    Rouble . . . . . . . . . . . . . . . . . . . . . . . O
Dix kopecks . . . . . . . . . . . . . . . . . . . . . ×
    Kopeck . . . . . . . . . . . . . . . . . . . . . . . |
    Quart    . . . . . . . . . . . . . . . . . . . . . —
```

En utilisant les conventions ci-dessus, nous pouvons représenter par exemple vingt-huit roubles cinquante-sept kopeks et trois quarts comme suit :

$$\square\square\text{OOOOOOOO}\times\times\times\times||||||\equiv \text{ »}.$$

Ailleurs, dans le même volume de « Code des Lois », il y a, à nouveau, une référence à l'utilisation obligatoire des désignations numériques populaires. Un signe spécial est utilisé pour les milliers de roubles sous la forme d'une étoile à six branches avec une croix, et un autre est utilisé pour les centaines de roubles sous la forme d'une roue à huit rayons. Mais les symboles du rouble et de dix kopeks sont restés inchangés par rapport à la loi précédente.

Voici le texte de la loi sur ces « signes tributaires » :

« Sur chaque reçu émis par le percepteur d'impôts, le montant doit être écrit à la fois en utilisant des mots et en utilisant des signes spéciaux exprimant les roubles et les kopecks, afin de pouvoir garantir l'exactitude[1]. » Les signes utilisés sur les reçus signifient :

---

[1] C'est la confirmation que ces signes ont été largement utilisés parmi la population.

Chapitre I : Anciens et nouveaux nombres et systèmes numériques

(Étoile)   Mille Roubles

(Roue)   Cent Roubles

□   Dix Roubles

×   Rouble

| | | | | | | | | Dix Kopecks

| Kopeck

Par exemple, la représentation de 1232 roubles et 4 kopecks conduit à la figure suivante :

Comme vous pouvez le voir, nos chiffres arabes et romains ne sont pas le seul moyen de représenter des nombres. Dans l'ancien temps, et même maintenant dans les villages, nous avons utilisé d'autres systèmes de numérotation, vaguement similaires aux chiffres romains mais très éloignés des chiffres arabes. Mais nous n'avons pas encore identifié tous les moyens utilisés pour représenter les nombres de nos jours : Les marchands, par exemple, ont leurs propres signes secrets qu'ils utilisent pour représenter les nombres. Nous en parlerons plus en détail dans la section suivante.

Un secret de commerce

Sur les objets qui sont vendus sur les marchés locaux - et souvent dans les magasins, en particulier dans les provinces - vous avez probablement remarqué d'étranges lettres comme ul, me, etc.

Ce ne sont pas des prix réels. Ils représentent plutôt une solution pour permettre au vendeur de se souvenir des prix sans que l'acheteur ne puisse les connaître. En jetant un coup d'œil sur ces lettres, le vendeur comprend immédiatement leur signification et la marge qu'il pourrait faire s'il offre un certain prix à l'acheteur.

Cette notation est très simple - si vous connaissez la « clé » associée. Habituellement, le commerçant sélectionne un mot composé de 10 lettres différentes. Les exemples incluent Yaroslavel, mirolyubet, Miralyubov, etc. La première lettre du mot représente 1, la seconde représente 2, la troisième représente 3, etc. la dernière lettre du mot dénote zéro. Avec ces lettres, le commerçant est en mesure de noter un prix sur le produit mais ce prix est tenu strictement secret car l'acheteur ne connaît pas la « clé » du système utilisé par commerçant. Si, par exemple, le commerçant a sélectionné le mot :

mirolyubet 1234567890

Le prix de 4 roubles 75 kopecks sera désigné comme suit : o ul
Le signe m lt signifie 1 rouble 50 kopecks, etc.

Parfois, les prix des objets sont indiqués par des chiffres, mais sous le prix il y a aussi une inscription utilisant des lettres. Par exemple :

$$\frac{3 \text{ robs } 50 \text{ kops}}{\text{bt}}$$

Cela signifie que le prix proposé est de 3 roubles 50 kopecks. L'utilisation de la clé « mirolyubet » signifie que le vendeur serait en mesure d'offrir une remise de 80 kopecks.

L'objectif du vendeur est de garder sa « clé » strictement

confidentielle et protégée. Mais si vous achetez dans le même magasin quelques objets et comparez les prix de ces objets avec les lettres correspondantes, il est facile de deviner la signification des lettres. En particulier, il est facile de découvrir le mot secret des produits bon marché où il est difficile d'obtenir des remises importantes, et par conséquent, le premier chiffre du montant payé correspond à la première lettre de la notation. En devinant certaines des lettres, il est possible de trouver les autres, et ainsi, il serait possible de casser la « clé ».

Disons par exemple que vous avez acheté quelques objets dans un magasin et que vous avez payé le premier 14 roubles, le deuxième - 12, le troisième - 17 roubles. Sur ces articles vous trouvez les désignations mo, mi, mu.

Clairement, la lettre m représente 1, et donc m est la première lettre du mot. Ensuite, vous essayez de faire correspondre les lettres o, i et u avec des chiffres différents. Il est facile de remarquer que le mot mirolyubet est une solution potentielle. Vous pouvez maintenant vérifier votre hypothèse en achetant un autre objet et en vérifiant son prix.

Arithmétique au cours d'un petit-déjeuner

Après ce qui a été dit, il est facile de comprendre que les nombres peuvent être représentés non seulement avec des chiffres, mais aussi à l'aide de tout autre signe ou objet - crayons, stylos, règles, gommes, etc. : Il vous suffit de définir une règle qui fait correspondre chaque objet à un chiffre ou une valeur numérique particulière.

Vous pouvez même, par curiosité, à l'aide d'objets, représenter des opérations sur les nombres - addition, soustraction, multiplication et division. Par exemple, un certain nombre d'opérations sur les nombres peuvent être effectuées en utilisant des ustensiles de cuisine comme représentations (voir la figure ci-dessous). Une fourchette, une cuillère, un couteau, un verre, un sucrier, une tasse, une cruche, une théière et une assiette sont des objets qui peuvent être utilisés pour remplacer les chiffres.

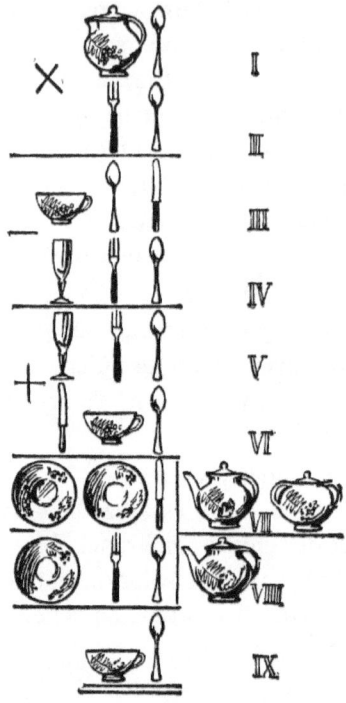

Analysez les opérations ci-dessus et essayez de deviner la correspondance entre les chiffres et les ustensiles.

À première vue, cette tâche semble très difficile : Il est nécessaire de résoudre multiples équations, comme le fit jadis le français Jean-François Champollion. Mais votre tâche est beaucoup plus facile : Vous savez que les nombres ici, bien que représentés par des fourchettes, des couteaux, des cuillères, etc., sont écrits dans le système décimal, c'est-à-dire, vous savez, que lorsqu'une assiette se trouve en deuxième position à partir de la droite, elle représente un certain chiffre de dizaines, de même lorsque l'assiette est à l'extrême droite, elle représente le même chiffre mais en unités, et lorsqu'elle est en troisième position, elle représente le même chiffre mais en centaines d'unités. En résumé, vous savez que la localisation de ces éléments a une signification particulière qui reste valable dans les opérations arithmétiques portant sur les nombres dans lesquels elles sont utilisées. Tout cela peut amplement faciliter la résolution du problème proposé.

Voici comment vous trouverez les valeurs des ustensiles. En considérant les trois premières séries de notre figure, vous pouvez voir que lorsqu'une « cuillère » est multipliée par la « cuillère », cela donne un « couteau ». Et d'après la série suivante, vous pouvez voir que lorsqu'une « cuillère » est soustraite d'un « couteau », on obtient une « cuillère » ou que « cuillère » + « cuillère » = « couteau ». Quel est le chiffre qui donne le même résultat lorsqu'il est doublé ou multiplié par lui-même ? Cela ne peut être que 2 car $2 \times 2 = 2 + 2 = 2$. On sait donc que la « cuillère » = 2, et par conséquent, le « couteau » = 4.

Nous continuons. Quel chiffre est indiqué par la « fourchette » ? Essayons de résoudre cela, regardons les trois premières séries où la fourchette est impliquée dans la multiplication, et les séries III, IV et V, où la même fourchette apparaît dans l'opération de soustraction.

De la série de soustractions, vous pouvez voir qu'en soustrayant au chiffre des dizaines une « fourchette » de la « cuillère », on obtient comme résultat une « fourchette », c'est-à-dire qu'en soustrayant une « fourchette » de 2, on obtient une « fourchette ». Cela conduit à deux cas possibles : Soit la « fourchette » = 1 et alors on a $2 - 1 = 1$; soit une « fourchette » = 6, puis en soustrayant 6 de 12 (car il y a une « tasse » dans le chiffre le plus élevé), nous obtenons un 6.

Quel chiffre choisir : 1 ou 6 ? Testons si 6 convient aux autres opérations. Attention à l'addition des séries V et VI : La « fourchette » (c'est-à-dire 6) + « tasse » = « assiette ». Cela signifie qu'une « tasse » doit être inférieure à 4 (car les rangées de VII et VIII montrent que « assiette » − « fourchette » = « tasse »). Mais la « tasse » ne peut pas être égale à 2, car ce chiffre est déjà pris par la « cuillère ». De plus, un « verre » ne peut pas être 1 - sinon la soustraction de la série IV de III ne pourrait pas donner un nombre à trois chiffres dans la série V. Enfin la « tasse » ne peut pas être un 3 et voici pourquoi : Si la « tasse » était un 3, alors le « verre » (voir séries IV et V) devrait désigner 1 ; car $1 + 1 = 2$, c'est-à-dire « verre » + « verre » = « tasse » − 1 qui a été utilisé lors de la soustraction des dizaines. De même un « verre » ne peut pas être égal à 1 car l'« assiette » de la série VII signifiera dans un cas le chiffre 5 (« verre » + « couteau ») et dans l'autre cas le chiffre 6

(« fourchette » + « tasse »), ce qui est impossible. Par conséquent, il est impossible qu'une « fourchette » soit égale à 6. Par conséquent, un « fourchette » est égale à 1.

Sachant qu'une « fourchette » vaut 1, il est désormais possible d'avoir plus de confiance et d'aller plus vite. En observant la soustraction dans les séries III et IV, nous pouvons voir que le « tasse » est soit 6 soit 8. Le chiffre 8 doit être rejeté, car cela conduirait à « verre » = 4 et nous savons déjà que le chiffre 4 désigne un « couteau ». Ainsi, la « tasse » représente le chiffre 6 et donc le « verre » représente le chiffre « 3 ».

Quel est le chiffre indiqué par la « cruche » dans la série I ? Il est facile de répondre, car nous connaissons un produit (624 de la série III) et l'un des deux facteurs (12 de la série II). En divisant 624 par 12, on obtient 52. Par conséquent, la « cruche » est égale à 5.

Le sens de l' « assiette » est déterminé très simplement : dans la série VII « assiette » = « fourchette » + « tasse » = « verre » + « couteau », c'est-à-dire « assiette » = 1 + 6 = 3 + 4 = 7.

Nous devons maintenant connaître la valeur numérique de la théière et du sucrier de la série VII. Comme les chiffres 1, 2, 3, 4, 5, 6 et 7 sont déjà pris, les seuls chiffres possibles restants sont 8, 9 et 0. Substituez les chiffres aux objets dans la division indiquée dans les trois dernières rangées,[1] vous obtiendrez l'équation ci-dessous (les lettres y et x indiquent respectivement la « théière » et le « sucrier ») :

$$\begin{array}{r} 774 : yx = y \\ \underline{712} \\ 62 \end{array}$$

Le nombre 712 est le produit de deux nombres inconnus « yx » et « y », qui, bien sûr, ne peuvent pas être zéro ni se terminer par zéro : par conséquent, ni x ni y ne sont des zéros. Il reste deux hypothèses : y = 8 et x = 9, ou vice versa y = 9 et x = 8. Mais multiplier 98 par 8 ne donne pas 712, donc la « théière » signifie 8 et le « sucrier » signifie 9, (ce qui donne : 89 × 8 = 712). Nous

[1] La disposition des nombres ici est celle utilisée et acceptée en Angleterre et en Amérique.

avons démêlé l'inscription hiéroglyphique des ustensiles sur la table à manger :

cruche = 5

cuillère = 2

fourchette = 1

tasse = 6

verre = 3

théière = 8

sucrier = 9

assiette = 7

couteau = 4

Toute la série des opérations arithmétiques représentées par les objets acquiert désormais un sens :

$$\begin{array}{r} 52 \\ \times\ 12 \\ \hline 624 \\ -\ 312 \\ \hline 312 \\ +\ 462 \\ \hline 774 : 89 = 8 \\ -\ 712 \\ \hline 62 \end{array}$$

Bibliothèques décimales

La notation décimale est utilisée avec humour même dans les domaines où à première vue elle n'est pas attendue - à savoir, dans l'organisation des livres dans les bibliothèques.

Habituellement, lorsque vous souhaitez indiquer au bibliothécaire le numéro du livre qui vous intéresse, vous lui demandez de fournir le catalogue des livres disponibles puis vous recherchez le numéro souhaité. C'est parce que chaque bibliothèque a son propre système numérique avec lequel les numéros de livres sont définis. Cependant, il existe un système de numérotation de livres dans lequel tout livre a le même numéro dans toutes les bibliothèques. Ce système peut être considéré comme le système décimal de numérotation des livres.

Ce système – qui n'est pas encore adopté partout malheureusement – est extrêmement utile et n'est pas très complexe. Son essence réside dans le fait que chaque branche de la connaissance est associée à un certain chiffre, de sorte que le numéro du livre donne des informations sur son sujet dans le système général de la connaissance.

Les livres sont principalement divisés en dix grandes catégories, désignées par les chiffres de 0 à 9 :

0. Travaux de caractère général.
1. Philosophie.
2. Religions.
3. Sciences sociales.
4. Philologie.
5. Physique, Mathématiques et Sciences Naturelles.
6. Sciences appliquées.
7. Beaux-Arts.
8. Littérature.
9. Histoire et géographie.

Lors de la numérotation d'un livre dans ce système, le premier chiffre à gauche indique la catégorie (parmi les dix ci-dessus) à laquelle appartient le livre. Ainsi, chaque livre de philosophie a un numéro commençant par 1, de mathématiques - avec 5, de sécurité - 6. Inversement, si le numéro d'un livre commence, par exemple, par un 4, alors sans l'ouvrir, on sait qu'il appartient au domaine de la linguistique. De plus, chacune des dix catégories énumérées ci-dessus est divisée en 10 sous-catégories principales également définies à l'aide de chiffres. Ces chiffres sont placés à la deuxième place dans le numéro de livre. Ainsi, si l'on considère la 5e catégorie (Physique et mathématiques et sciences naturelles), les sous-catégories suivantes sont définies :

50. Écrits généraux sur la physique et les mathématiques et les sciences naturelles.

51. Mathématiques.

52. Astronomie. Arpentage.

53. Physique. Mécanicien.

54. Chimie.

55. Géologie. Paléontologie.

56. Géographie générale.

57. Biologie. Anthropologie.

58. Botanique.

59. Zoologie.

De même, les autres catégories sont décomposées en sous-catégories. Par exemple, dans la catégorie des sciences appliquées (6), nous avons les sous-catégories suivantes : Médecine indiqué par le chiffre 1 après 6, c'est-à-dire le numéro 61, agriculture - 63, entretien ménager - 64, routes commerciales et de communication - 65, industrie et technologie - 66, etc.

Ensuite, il y a un troisième chiffre dans le système numérique qui définit le contenu encore plus en détail. Ce chiffre indique la subdivision exacte de la sous-catégorie à laquelle appartient le livre. Par exemple, dans la sous-catégorie de mathématiques (51), un troisième chiffre de 1 indique que le livre fait référence à l'arithmétique ; chiffre 2 - algèbre, etc. Par conséquent, tous les livres sur l'arithmétique ont les trois premiers chiffres suivants 511 dans leurs numéros, sur l'algèbre - 512, la géométrie - 513, etc. De même, la sous-catégorie de physique (53) est divisée en 10 subdivisions : Livres sur l'électricité désignés par un numéro commençant par 537, sur l'optique - 535, etc.

Ce système numérique comprend une subdivision supplémentaire utilisant un quatrième chiffre, etc.

Dans une bibliothèque organisée avec un tel système, trouver le bon livre est simplifié à l'extrême. Par exemple, si vous êtes intéressé par la géométrie, il vous suffit d'aller sur les étagères où les numéros commencent par 5, de trouver les étagères où les livres stockés commencent par le numéro 51... puis de vous limiter aux étagères où les numéros de livres commencent par 513 ... ; de même, lorsque vous recherchez des livres sur la coopération, vous regardez dans l'étagère où les numéros de livres commencent par 331... sans consulter le catalogue et sans déranger personne avec des questions.

Quelle que soit l'étendue de la bibliothèque, elle ne manquerait pas de numéros si l'on considère cette numérotation des livres. A l'inverse, le manque de livres dans une sous-catégorie n'empêche pas l'utilisation de ce système : En effet, certaines sous-catégories peuvent rester inutilisées.

Nos nombres préférés

Vous avez sans doute remarqué que chacun de nous a un favori parmi les nombres pour lesquels il nourrit une prédilection particulière. Par exemple, nous aimons beaucoup les « nombres arrondis », c'est-à-dire ceux qui se terminent par un 0 ou un 5. Cette prédilection pour certains nombres qui sont préférés à d'autres est inhérente à la nature humaine et est beaucoup plus profonde qu'on ne le pense habituellement. Cette prédilection se retrouve chez tous les Européens et leurs ancêtres (comme les anciens Romains) et chez les populations d'autres parties du monde.

A chaque recensement, il y a une abondance inhabituellement excessive de personnes dont l'âge se termine par 5 ou 0. Elles sont beaucoup plus nombreuses qu'elles ne devraient l'être. La raison en est, bien sûr, que les gens ne se souviennent pas exactement de leur âge, alors lorsqu'on leur demande leur âge, ils « arrondissent » involontairement le nombre d'années. Une prévalence similaire d'âges « arrondis » peut être observée sur les pierres tombales des anciens Romains.

Ce biais numérique va très loin. Le psychologue et professeur allemand, K. Marbach, a calculé les fréquences des âges écrits sur les pierres tombales romaines et a comparé ces fréquences avec celles des âges obtenus à partir d'un recensement dans l'État américain de l'Alabama, qui abrite principalement des Noirs analphabètes. Il a trouvé un résultat surprenant : Les Romains de l'Antiquité et les Noirs modernes des États-Unis présentaient les mêmes fréquences d'âge. A savoir, les chiffres des unités les plus fréquents sont dans cet ordre : 0, 5, 8, 2, 3, 7, 6, 4, 9 et 1.

Mais ce n'est pas tout. Pour étudier les préférences numériques des Européens modernes, Marbach a réalisé l'expérience suivante : Il a demandé à plusieurs personnes d'estimer « avec leurs yeux », la longueur en millimètres d'une bande de papier dont la longueur réelle est celle d'un pouce et d'écrire les réponses... Il a ensuite compté les fréquences des différentes réponses et a curieusement constaté que les chiffres les plus fréquemment utilisés étaient dans le même ordre précédent, i. e., 0, 5, 8, 2, 3, 7, 6, 4, 9 et 1.

Ce n'est pas un hasard si des êtres si éloignés et différents les uns des autres - à la fois anthropologiquement et géographiquement - manifestent les mêmes sentiments pour certains nombres, c'est-à-dire une nette prédilection pour les nombres « ronds » qui se terminent par un 0 ou un 5, et une hostilité importante envers les nombres non arrondis (Ceux qui se terminent par 1, 9, 4 et 6).

Vous pouvez réaliser vous-même une expérience similaire et vérifier que vous obtiendrez des résultats similaires : Vous pouvez proposer à un large public de choisir n'importe quel nombre entre 1 et 10, puis entre 11 et 20, puis 21 et 30, puis 31 et 40, et enfin 41 et 50. Vous constaterez que la plupart des réponses se terminent par un 5, les chiffres restants apparaissant moins fréquemment. En d'autres termes, vous pourrez mesurer la prédilection manifestée par les gens pour certains chiffres particuliers.

La prédilection des gens pour les nombres se terminant par un 5 ou un 0 est, sans aucun doute, en lien direct avec la base décimale utilisée par notre système de numération, et éventuellement le nombre de doigts de nos mains. Mais les approximations faites par les humains pour obtenir un 5 et un 10 restent inexpliquées. Malheureusement, ceux-ci ne viennent pas sans pénalité.

La plupart des gens ne réalisent pas que notre prédilection pour les chiffres arrondis nous coûte très cher. Les prix des produits de base dans le commerce de détail gravitent toujours vers ces nombres arrondis, et dans le cas d'un nombre non arrondi, il est toujours changé par le nombre arrondi immédiatement supérieur. Ce processus se fait donc aux frais de l'acheteur et non du vendeur. Le montant total que le pays paie pour le plaisir d'avoir des prix arrondis est assez impressionnant. Bien avant la dernière guerre, quelqu'un s'est donné la peine d'estimer approximativement ce montant. Il s'est avéré que la population de la Russie surpaye chaque année, sous la forme de la différence entre les prix arrondis des produits de base et les prix non arrondis, plus de 30 millions de roubles-or.

Chapitre II : Des obstacles dans la table de Pythagore

Des obstacles dans la table de Pythagore

La plupart d'entre nous ont oublié le moment où nous devions apprendre la table des multiplications et la surmonter progressivement ligne par ligne. Cependant, certains peuvent se rappeler que toutes les lignes de la table ne génèrent pas la même difficulté. Certaines lignes sont assimilées très rapidement, presque dès la première lecture - par exemple $5 \times 5 = 25$, $8 \times 2 = 16$. D'autres sont beaucoup plus difficiles : d'abord, elles sont mémorisées, mais disparaissent à nouveau de la mémoire, il a donc fallu revenir plusieurs fois à table avant qu'elles ne s'impriment fermement dans notre mémoire. Rappelez-vous combien de temps vous a fallu pour apprendre par cœur $7 \times 8 = 56$. Au moins, pour beaucoup, c'était l'une des lignes les plus difficiles de la table.

En attendant, il est nécessaire de maîtriser et de connaître l'ensemble de la table par cœur : La méthode moderne utilisée pour multiplier et diviser des nombres à plusieurs chiffres repose sur la solide maîtrise des multiplications de nombres à un chiffre, c'est-à-dire sur la connaissance de la table des multiplications (appelée aussi table de Pythagore) par cœur.

Dans un effort pour faciliter ce travail, les experts en psychopédagogie ont concentré leur attention sur les lignes les plus difficiles de la table des multiplications et les ont soumises à une étude détaillée. Les résultats étaient assez intéressants. Il s'est avéré que les principales pierres d'achoppement de la table sont récurrentes parmi les personnes, à savoir les lignes énumérées ci-dessous :

$$7 \times 8 = 56$$
$$9 \times 7 = 63$$
$$9 \times 8 = 72$$
$$7 \times 6 = 42$$
$$9 \times 6 = 54$$

Parmi plusieurs centaines d'adultes et d'enfants interrogés, la majorité a indiqué que ces cinq lignes de multiplication étaient les plus difficiles de toute la table. Surtout, ils pointé à l'unanimité à la ligne 8 × 7 = 56. Les lignes suivantes de la table des multiplications en ordre de difficulté sont :

$$8 \times 6$$
$$8 \times 8$$
$$7 \times 6$$
$$8 \times 4$$
$$7 \times 4$$
$$7 \times 5$$
$$7 \times 3$$
$$5 \times 4$$
$$8 \times 5$$
$$6 \times 4$$

Les chercheurs se sont également penchés sur les colonnes les plus difficiles de la table de Pythagore. En utilisant le même questionnement minutieux, ils ont demandé à un échantillon de personnes lesquelles des 10 colonnes de la table de multiplication sont les plus difficiles à apprendre. Les réponses ont été unanimes : à savoir, et dans l'ordre, les colonnes de multiplication par 7, 8, 9, puis 6. En revanche, les plus faciles étaient à l'unanimité – et comme prévu – 2, 3, 5 et 4.

Les résultats de ces études[1] psychologiques sont susceptibles de coïncider avec les conclusions de l'expérience personnelle de la plupart des lecteurs. Sans aucun doute, nous sommes tous d'accord pour dire que les cas de multiplication par 7, 8 et 9 ont été et restent les plus difficiles à mémoriser et que les plus difficiles de tous sont les lignes : 8 × 7, 9 × 7, 9 × 8, 7 × 6 et 9 × 6. Même les adultes, qui surmontent victorieusement toutes les difficultés arithmétiques, balbutient parfois sur ces cas lorsqu'ils doivent calculer à la hâte ou sont fatigués. Dans ces cas, ne se fiant pas à leur mémoire, ils essaient de vérifier le résultat à l'aide d'une solution de contournement ou demandent confirmation aux autres : « Sept huit - cinquante-six? »

---

[1] Max Duhring ("Zeitschr. F. Päd. Psychol.", 1912).

Chapitre II : Des obstacles dans la table de Pythagore

Évidemment, ces difficultés ne sont pas aléatoires, puisqu'elles surviennent avec une extrême régularité. Comment les expliquer ?

Il y a plusieurs raisons à ce phénomène et toutes sont enracinées dans les techniques inconscientes que nous utilisons normalement pour mémoriser les nombres. Avec des multiplications considérées comme faciles, nous avons un soutien et une aide supplémentaires (bien que généralement nous ne le sachions pas ou ne le soupçonnions pas). Par exemple, en multipliant par 2, on remplace inconsciemment cette opération par une autre qui nous est plus familière sous forme d'addition : 4 x 2 = 4 + 4. Il y a aussi l'aide de la consonance : « cinq fois cinq - vingt-cinq », « six fois six - trente-six », « six fois huit - quarante-huit ». Les lignes rimées sont toujours plus faciles à retenir, surtout à un jeune âge.

Il existe de nombreuses autres circonstances qui facilitent la mémorisation des nombres dans la table de Pythagore. Ces circonstances, si elles étaient répertoriées, conduiraient à une longue liste et celles-ci n'ont de toute façon pas été établies de manière incontestable. Pourquoi la ligne 9 x 9 = 81 est-elle plus facile à retenir que 7 x 8 ou 8 x 9 ? Le motif caractéristique du nombre 81 (un huit incurvé et un en ligne droite) aide probablement. Un autre exemple est le nombre 5 et le fait que tous les produits résultant de la multiplication par ce nombre se terminent par un 5 ou un 0. D'autres cas sont faciles à retenir en raison de leur utilisation fréquente dans la vie de tous les jours (e. g. 4 x 7 - quatre semaines).

Des difficultés particulières ont été relevées avec ces cinq cas de multiplication qui ont recueilli la plupart des voix lors des sondages. Cela peut être lié au fait qu'il n'y a pas de circonstances particulières (telles que celles ci-dessus) qui s'appliquent à elles et qui facilitent leur mémorisation :

$$8 \times 7 = 56$$
$$9 \times 7 = 63$$
$$8 \times 9 = 72$$
$$7 \times 6 = 42$$
$$9 \times 6 = 54$$

Ces nombres sont rarement utilisés dans la vie de tous les jours, et ils n'ont pas de motif visuel spécifique facilement mémorable. Le fait que ces lignes comprennent toutes quatre nombres différents mais similaires (8, 7, 6 et 9) rend également la mémorisation difficile. Enfin, des résultats proches, tels que 56 et 54, sont facilement mélangés et une distinction claire entre eux nécessite des efforts importants. Ces caractéristiques subtiles sont la cause première qui transforme ces lignes de la table de multiplication en pierres d'achoppement constantes pour quiconque apprenant cette table.

La multiplication à l'aide des doigts

Pour faciliter l'assimilation de la table des multiplications, nous pouvons recourir aux doigts de nos mains : Les utiliser comme une calculatrice simplifiée. Nous pouvons les utiliser pour trouver automatiquement les résultats de plusieurs multiplications. Évidemment, nous avons encore besoin de connaître les résultats de certaines multiplications par cœur (comme 5 x 5).

L'utilisation des doigts est une technique ancienne pour effectuer des multiplications et elle est encore utilisée par les habitants de certaines régions de la Sibérie, en Ukraine et dans certains coins reculés de la Livonie. Cependant, il serait très utile de familiariser tous les élèves avec cette technique de multiplication. Supposons que vous vouliez calculer 7 × 9. Pliez sur une main autant de doigts que la différence entre 7 et 5, et sur l'autre - autant de doigts que la différence entre 9 et 5. Ainsi, nous aurons les éléments suivants :

	Pliés	Droits
Dans une main	2	3
	+	×
Dans l'autre main............	4	1

Maintenant, additionnez le nombre de doigts pliés (2 + 4 = 6), ajoutez un zéro à droite du résultat (60) et ajoutez à ce nombre le produit des doigts droits (3 x 1 = 3). Vous obtiendrez 63.

Autre exemple : Essayons de calculer le résultat de 6 ×8 :

	Pliés	Droits
Dans une main	1	4
	+	×
Dans l'autre main	3	2
Résultats	**4**	**8**

Chapitre II : Des obstacles dans la table de Pythagore

Procédez de la même manière, vous obtiendrez 48. Vous voyez que la simplicité de cette technique peut difficilement gêner même un jeune mathématicien si celui-ci est familiarisé avec la première partie de la table de Pythagore. Cette technique permet déjà de s'emparer sans effort de la partie la plus difficile de la table.

Cette technique de multiplication à l'aide des doigts est décrite dans « Arithmétique » de Mignitsky en utilisant les termes suivants :

« Les doigts peuvent être utilisés pour effectuer des multiplications de la même manière que les tables de multiplication. Supposons que vous vouliez calculer 7 x 7. Vous pliez deux doigts d'une main et deux doigts de l'autre, car 2 est la différence entre 7 et 5 doigts. Additionnez les nombres associés aux doigts pliés et ajoutez un zéro au résultat. Vous obtenez 40. Multipliez les nombres associés aux doigts droits, vous obtiendrez 3 x 3 = 9. Ensuite, additionnez les deux nombres 40 + 9 = 49. C'est le résultat de la multiplication.

Quel est le secret de cette technique ? Nous comprendrons cela si nous considérons le cas général. Une petite excursion dans « l'arithmétique générale », c'est-à-dire l'algèbre, nous convaincra que cette technique doit donner les bons résultats dans tous les cas de 6 × 6 à 10 × 10. Tout nombre supérieur à 5 peut s'écrire sous la forme de 5 + a, 5 + b, 5+ c, etc.

Dans toutes ces expressions, les lettres a, b et c sont l'excédent au-dessus du nombre 5. Par conséquent, le produit de deux nombres supérieurs à 5 peut être écrit en utilisant cette notation comme suit :

$$(5 + a) \times (5 + b)$$

ou comme en algèbre la multiplication ne nécessite pas d'écrire un signe spécifique :

$$(5 + a)(5 + b).$$

Et que fait-on quand on multiplie avec les doigts ? Nous plions les doigts a d'une main et les doigts b de l'autre, tout en laissant les autres doigts droits, c'est-à-dire que (5 - a) et (5 - b) doigts sont laissés droits dans les deux mains respectivement. Ensuite, nous ajoutons (a + b) et ajoutons un zéro, c'est-à-dire le nombre 10 (a + b). A cela s'ajoute le produit des doigts droits, c'est-à-dire (5 - a) (5 - b).

Par conséquent, le résultat total est 10(a + b) + (5 - a)(5 - b).

Si on fait la multiplication du contenu des deux parenthèses on obtient 25 -5a − 5b + ab. À cela, nous ajoutons 10a + 10b, ce qui donne un total de 25 + 5a5b + ab, ce qui est exactement (5 + a) (5 + b).

Bref, toutes les actions sur les doigts peuvent être représentées sous la forme générale suivante :

	Pliés	Droits
Dans une main	a	$5 - a$
Dans l'autre main	b	$5 - b$
Résultats	**10 (a +b) + (5 − a) (5 − b).**	

Et nous savons déjà que cette expression est égale à (5 + a)(5 + b).

Comme nous l'avons dit au début de cette section, la multiplication avec les doigts peut être effectuée pour des nombres jusqu'à 15 × 15. Comment le faire ? C'est quelque peu différent de la multiplication jusqu'à 10 × 10.

Supposons que vous vouliez multiplier 12 × 14. Pliez les doigts excédentaires au-dessus de 10 sur chaque main (et non au-dessus de 5 comme avant), c'est-à-dire d'une part pliez deux doigts et de l'autre pliez quatre. Additionnez le nombre de doigts pliés sur chaque main (2 + 4) et multipliez le résultat par 10, puis ajoutez au résultat le produit des doigts pliés (4 x 2), puis ajoutez au résultat 100. Nous avons : 12 × 14 = 100 + (2 + 4) x 10 + 4 × 2 = 168.

Autre exemple : 11×13 :

	Pliés
Dans une main	1
Dans l'autre main	3
Résultats	**100 + 40 + 3 = 143.**

Quel est le secret de cette technique ? Revenons à nouveau à l'algèbre. Dans tous les cas, cette multiplication peut être généralement représentée comme suit :

$$(10 + a) \times (10 + b)$$

Où a et b sont des nombres inférieurs à 5 et représentent les doigts pliés. En multipliant selon la règle générale, on obtient :

$(10 + a)(10 + b) = 100 + 10(a + b) + ab.$

De cette formule, on peut déduire comment la technique est construite.

Curieusement, le produit 10 × 10 peut être trouvé en utilisant les doigts avec les deux techniques. En effet, avec la première technique, on a :

	Pliés	Droits
Dans une main	5	0
Dans l'autre main	5	0
Résultats	$(5 + 5) 10 + 0 + 0 = 100.$	

Et avec la deuxième technique, on a :

	Pliés
Dans une main	0
Dans l'autre main	0
Résultats	$100 + 10 (0 + 0) + 0 \times 0 = 100.$

Il existe également une technique de multiplication des nombres de 15 × 15 à 20 × 20 à l'aide des doigts, mais cette technique est trop complexe. Toute machine à calculer est bonne lorsqu'elle est traitée à sa juste valeur. Notre machine naturelle n'échappe pas à cette règle.

Multiplication mécanique par 9

Nous décrirons une autre technique simple mais intéressante qui est utilisée pour multiplier les nombres par 9. Supposons que vous devriez multiplier 7 × 9. Vous pourrez procéder comme suit : Étendez vos mains devant vous sur une table, puis pliez le 7e doigt à partir de la gauche. Par conséquent, vous avez six doigts droits sur le côté gauche et trois doigts droits sur le côté droit. Ces deux chiffres donnent le produit souhaité : 63. Pour multiplier 5 par 9, pliez le 5ème doigt. Vous aurez 4 doigts à gauche et 5 à droite. Le produit de la multiplication est donc 45.

Le lecteur peut essayer d'expliquer cette technique.

Chapitre III : Descendants de l'ancien abaque

Problème de Tchekhov

Tout le monde se souvient probablement du fameux problème d'arithmétique qui a tellement dérouté et embarrassé Ziberov, l'élève de classe de 5ème dans l'histoire de Tchekhov « L'Instituteur »:

« Un marchand a acheté 138 mètres de tissus noir et bleu pour 540 roubles. La question est de savoir combien de mètres il a acheté de chaque couleur, si le tissu bleu coûte 5 roubles par mètre et le tissu noir coûte 3 roubles par mètre ? »

Avec un humour subtil, Tchekhov décrit comment le tuteur des élèves de 5ème et son disciple Ziberov ont travaillé impuissants sur ce problème jusqu'à ce qu'ils soient plus tard secourus par son frère Peter et leur père Udodov :

Ziberov a répéta le problème et immédiatement, sans dire un mot, commença à diviser 540 par 138.

- Pourquoi divisez-vous? Attendez une minute! Cependant, alors ... allez-y. Quel est le reste de la division ? Il peut y avoir un reste. Laissez-moi diviser!

Ziberov effectua la division, trouva un reste de 3 et se brouilla rapidement.

- Étrange ... - pensa-t-il en ébouriffant ses cheveux et en rougissant.
- Comment cela devrait-il être fait. Ah!... C'est une équation indéterminée, ce n'est pas une équation arithmétique.

Le tuteur regarda les réponses et vit 75 et 63.

- Hm! ... Étrange ... Additionnez 5 à 3, puis divisez 540 par 8 ? Est-ce que c'est cela? Non pas ça !

- Décidez ! dit Peter.

- Bien, qu'en pensez-vous? Le problème est sûrement un jeu d'enfant, a déclaré Udodov

- Quel idiot, mon frère! dit Peter.

Le tuteur prit le crayon et commença à résoudre. Il hésita, devint rouge et pâle.

- Ce problème est, en fait, algébrique, - dit-il. - Il peut être résolu avec un x et un y. Cependant, il pourrait être résolu. J'ai divisé...

Vous voyez ? Ou, c'est quoi. Résoudre ce problème semble difficile... Pensez...

Peter sourit malicieusement. Udodov sourit aussi. Tous les deux réalisèrent l'embarras du tuteur et de l'élève.

- Même sans l'utilisation de l'algèbre, le problème peut être résolu - déclara Peter tandis qu'Udodov choisit une autre voie : Tendre la main vers un abaque. - Ici, vous pouvez le voir...

Il déplaça les pierres et obtint 75 et 63

Cette scène avec ce problème nous fait rire mais soulève trois nouveaux problèmes, à savoir ;

1. Comment le problème peut-il être résolu algébriquement comme suggéré par le tuteur ?

2. Comment le problème a-t-il été résolu par Peter ?

3. Comment le père a-t-il utilisé l'abaque pour trouver les nombres désirés ?

Alors que les deux premières questions peuvent être probablement facilement résolues - du moins par de nombreux lecteurs de ce livre, la troisième question n'est pas aussi simple. Mais examinons les trois questions dans l'ordre :

(1) Le tuteur a envisagé de résoudre le problème « avec un x et un y », étant sûr que le problème – « est en fait algébrique ». Et en effet, il l'aurait facilement résolu s'il avait eu recours à un système d'équations. Les deux équations sont dans ce cas : $x + y = 38$ et $5x + 3y = 540$, où x et y sont respectivement les nombres de mètres de tissu bleu et de tissu noir.

(2) Cependant, le problème peut également être facilement résolu arithmétiquement. Vous commenceriez par l'hypothèse que tout le tissu acheté était bleu. Si tout le lot de 138 mètres était bleu, le marchand aurait payé $5 \times 138 = 690$ roubles pour le tissu. C'est $690 - 540 = 150$ roubles de plus que ce qui a été payé en réalité. La différence de 150 roubles indique que le commerçant a également acheté du tissu noir moins cher de 3 roubles par mètre. Le tissu bon marché était à tel point que la différence de coût était de 150 roubles pour 2 roubles pour chaque mètre : évidemment, le nombre de mètres de tissu noir est déterminé en divisant 150 par 2. Ainsi, il est facile d'obtenir la solution : 75 mètres de tissu noir et

la différence 138 - 75 = 63 de tissu bleu.

(3) Maintenant, la troisième question est de savoir comment Udodov a pu résoudre le problème. L'histoire est très succincte sur ce sujet. Elle dit seulement : « Il déplaça les pierres et obtint 75 et 63. » Cependant, quelles « pierres » a-t-il déplacées ? En d'autres termes, quelle approche a-t-il suivie pour résoudre ce problème en utilisant un abaque ?

Heureusement, résoudre le problème à l'aide d'un abaque est similaire à le résoudre arithmétiquement à l'aide de papier. Mais l'abaque rend la résolution beaucoup plus facile. En effet, notre abaque russe offre de nombreux services à quiconque sait comment le manipuler. De toute évidence, en tant que secrétaire provincial à la retraite, Udodov avait l'habitude de l'utilisation d'un abaque. Avec l'expérience, il sait chercher les nombres souhaités sans recourir à l'utilisation de « un x et un y » comme l'a fait le tuteur. Voici les étapes nécessaires pour résoudre le problème à l'aide d'un abaque :

Tout d'abord, il multiplie 138 par 5. Pour ce faire, il agit selon les règles de l'abaque. Il multiplie d'abord 10 par 138 (c'est-à-dire qu'il déplace 138 un fil au-dessus), puis réduit ce nombre de moitié (c'est-à-dire qu'il sépare les boutons en deux moitiés sur chaque fil). Si le nombre de boutons sur ce fil est impair, alors pour se tirer d'affaire, il lui suffit de transférer un bouton des dizaines vers le fil inférieur. Dans notre exemple, si nous devions diviser 1380 par 2, le résultat est que le fil du haut ne contiendrait aucun bouton, le suivant en contiendrait 6, suivi de 9, tandis que le fil d'en bas resterait vide. Par conséquent, on sait que le résultat de la division est 690. Evidemment, pour un utilisateur averti, ces opérations se font automatiquement.

Ensuite, Udodov a dû soustraire 540 de 690. Comment cela se fait sur un abaque - nous savons tous le faire.

Enfin, la différence résultante (150) doit être divisée par deux : Udodov élimina le bouton du dessus et fournit 10 au fil suivant. Il a ensuite séparé 7 de chaque côté du second fil et a fourni 10 boutons supplémentaires au dernier fil. Ceux-ci ont été divisés en deux parties. Le résultat de la division était de 75.

Les opérations ci-dessus sont illustrées sur l'abaque comme suit :

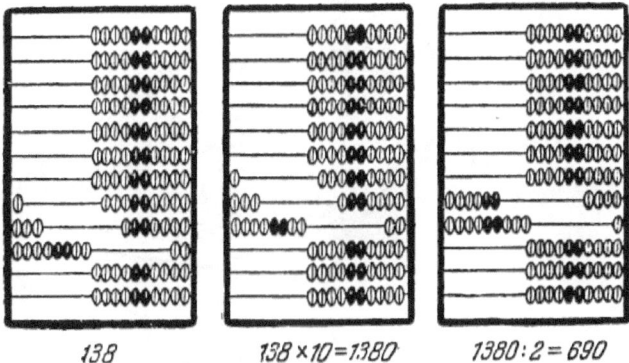

Évidemment, toutes ces actions simples sont effectuées sur l'abaque beaucoup plus rapidement que ce qui est décrit ici.

Un Abaque russe

Il y a beaucoup de choses utiles que nous n'apprécions pas suffisamment. Cela est simplement lié au fait qu'elles sont constamment utilisées et sont devenues des objets très ordinaires dans notre maison.

L'un de ces objets qui ne sont pas appréciés comme il se doit est, sans aucun doute, notre abaque russe. Celui-ci est une simple modification du fameux « abaque », ou « planche à compter » de nos lointains ancêtres. Les civilisations anciennes – les Égyptiens, les Grecs, et les Romains – ont utilisé des appareils de comptage de base qui ressemblent beaucoup à notre « abaque » russe.[1]

---

1 C'était un plateau (table), sur lequel étaient tracées des bandes et qui permettait le mouvement de pions spéciaux qui jouaient le rôle de boutons dans notre abaque. Cette planche s'appelait l'abaque grec. L'abaque romain se présentait sous la forme d'une planche de cuivre avec des rainures sur lesquelles on déplaçait des boutons. L'abaque péruvien était sous la forme de ceintures avec des nœuds. Celui-ci était particulièrement répandu parmi les premiers habitants de l'Amérique du Sud, mais était très certainement également utilisé en Europe.

Un Abaque russe

Au moyen âge et jusqu'au XVIe siècle, de tels instruments étaient largement utilisés en Europe. Mais de nos jours, les abaques améliorés n'ont été conservés qu'en Russie et en Chine. L'Occident ne veut plus de ces instruments. Vous ne les trouverez dans aucun magasin en Europe. Cela est sans doute la raison pour laquelle nous n'apprécions pas ce dispositif de comptage comme il se doit. Il faut le voir comme une sorte de machine à calculer primitive.

En attendant, nous avons le droit d'être fiers de notre « abaque » qui, grâce à sa merveilleuse simplicité, peut donner des résultats impressionnants et rivaliser à certains égards avec les machines de calcul complexes et plus coûteuses des pays occidentaux. Entre des mains habiles, cet instrument simple peut faire des miracles. Ainsi, il n'est pas surprenant que lorsque des étrangers se familiarisent avec cet appareil, ils l'apprécient beaucoup plus que nous.

Il y avait un spécialiste qui était en charge de l'une des plus grandes entreprises russes vendant des calculatrices. Il m'a dit qu'il a utilisé l'abaque russe pour étonner un nombre incalculable d'étrangers qui lui ont apporté des calculatrices étrangères complexes. Il a même organisé un concours entre deux compteurs humains, l'un travaillant sur une calculatrice étrangère coûteuse tandis que l'autre travaillait sur un abaque russe. Il arrivait souvent que ce dernier - qui, à vrai dire, était un maître de son métier - battait le premier en vitesse et en précision. Il est également arrivé que lorsqu'un étranger, impressionné par la rapidité des personnes utilisant l'abaque, abandonne immédiatement, replie sa machine complexe dans sa valise et perd tout espoir de vendre une seule unité en Russie.

- Pourquoi auriez-vous besoin de machines à calculer coûteuses, si vous calculez si habilement en utilisant vos machines bon marché !
- Souvent disent des représentants d'entreprises étrangères.

En effet, les machines à calculer étrangères sont des centaines de fois plus chères que les abaques russes mais elles permettent plus d'opérations. Néanmoins, dans de nombreux domaines tels que l'addition et la soustraction par exemple, l'abaque peut rivaliser en toute sécurité avec des mécanismes étrangers complexes. Même la multiplication et la division sont considérablement accélérées entre des mains habiles - si vous connaissez les techniques spéciales pour effectuer ces opérations.

Examinons certaines de ces techniques.

Calcul des résultats des multiplications

Voici quelques techniques qui peuvent être utilisées par toute personne (familière avec les additions) pour effectuer rapidement des multiplications :
- La multiplication par 2 et 3 se fait simplement en utilisant les additions (en ajoutant le nombre à lui-même une ou deux fois).
- Pour multiplier par 4, multipliez d'abord par 2, puis ajoutez le résultat à lui-même.
- Pour multiplier par 5, vous pouvez procéder comme suit : Ajouter un zéro (c'est-à-dire multiplier par 10) puis prendre la moitié du nombre résultant (c'est-à-dire diviser par 2).
- Pour multiplier par 6, vous pouvez multiplier par 5, puis ajouter le nombre d'origine au résultat de la multiplication.
- Pour multiplier par 7, vous pouvez multiplier par 10 puis retirer 3 fois le nombre d'origine.

- Pour multiplier par 8, vous pouvez multiplier par 10 puis retirer le double du nombre d'origine.
- De même, pour multiplier par 9, vous pouvez multiplier par 10, puis retirer le nombre d'origine.

Le lecteur aura probablement maintenant compris par lui-même comment procéder pour multiplier par un nombre supérieur à 10 et quel type de remplacement serait le plus approprié :

Pour multiplier par 11, vous devez multiplier par 10 et ajouter le nombre d'origine au résultat (c'est-à-dire utiliser le fait que 11 = 10 + 1). Pour multiplier par 12, multipliez par 10 puis ajoutez le double du nombre d'origine au résultat (c'est-à-dire utilisez le fait que 12 = 10 + 2). Pour multiplier par 13, multipliez par 10 puis ajoutez trois fois le nombre d'origine au résultat (c'est-à-dire utilisez le fait que 13 = 10 + 3), etc.

Voici quelques techniques que vous pouvez utiliser pour les cent premiers facteurs :

$$20 = 2 \times 10$$
$$22 = 2 \times 11$$
$$25 = (100/2)/2$$
$$26 = 25 + 1$$
$$27 = 30 - 3$$
$$32 = 22 + 10$$
$$42 = 22 + 20$$
$$43 = 33 + 10$$
$$45 = 50 - 5$$
$$63 = 33 + 30, \text{etc.}$$

Il est facile de voir, entre autres, que les multiplications par des nombres comme 22, 33, 44, 55, etc., sont faciles à effectuer. Par conséquent, nous devrions viser à décomposer les multiplicateurs de manière à introduire ces nombres. On peut recourir aux mêmes techniques lors de la multiplication par des nombres supérieurs à 100. Si les techniques sont fastidieuses, on peut toujours utiliser la règle générale et multiplier le nombre par chaque chiffre du multiplicateur puis faire l'addition des résultats.

Chapitre III : Descendants de l'ancien abaque

Techniques de division

Effectuer des divisions est plus difficile que des multiplications. Vous devrez vous rappeler un ensemble de techniques spéciales, parfois assez complexes, pour pouvoir obtenir rapidement les résultats des divisions. Nous n'expliquerons ici que les techniques pour la première douzaine de nombres (sauf pour le nombre 7, pour lequel la méthode est extrêmement complexe).

Nous savons déjà comment diviser par 2 ; la technique associée est très simple.

La division par 3 est légèrement plus complexe : Si nous essayons de remplacer cette division par une multiplication, nous devrons multiplier par la fraction périodique infinie 3,3333 ... (comme nous savons que 0,333 ... = 1/3). Nous pouvons facilement multiplier les nombres par 3 et nous pouvons aussi les diviser facilement par 10 (cette opération est trop facile) : vous pouvez ajouter à plusieurs reprises 3 fois le nombre original au résultat tout en divisant à chaque fois par 10. Après une courte pratique, cette méthode de la division par trois, qui était à première vue complexe, semblerait facile.

Évidemment, pour diviser par 4, il suffit de diviser deux fois par 2.

Pour diviser par 5, il suffit de diviser par 10 puis de doubler le résultat.

Pour diviser par 6, nous devons procéder en deux étapes : nous devons d'abord diviser par 2, puis nous devons diviser le résultat par 3.

La division par 7 est trop complexe pour avoir une règle pratique simple.

Pour diviser par 8, nous devons procéder en trois étapes : d'abord diviser par 2, puis diviser à nouveau le résultat par 2, puis diviser le résultat par 2 une autre fois.

La division par 9 est très intéressante. Elle est basée sur le fait que 1/9 = 0,1111.... Il est clair qu'au lieu de diviser par 9, vous pouvez ajouter à plusieurs reprises 0,1 à 0,01, 0,001... du nombre d'origine au résultat.[1]

---

1 Cette technique est utile pour la division mentale par 9.

Comme vous pouvez le voir, les divisions par 2, 10 et 5 sont faciles, par conséquent, il est également facile de diviser par leurs multiples (4, 8, 16, 20, 25, 40, 50, 75, 80 et 100). Le lecteur peut facilement concevoir des règles pour la division par ces nombres.

Échos de l'antiquité

Quelques vestiges des lointains ancêtres de notre abaque russe ont survécu et sont encore utilisés dans les coutumes populaires. Par exemple, peu de gens suspectent qu'en faisant un nœud dans une écharpe pour la « mémorisation », nous répétons ce qui était autrefois un excellent moyen pour nos ancêtres « d'enregistrer » un nombre. Une corde avec des nœuds représentait un dispositif de calcul qui était fondamentalement similaire à notre abaque et, très certainement, y était relié par la généralité de l'origine : c'est un « abaque de cordes ».

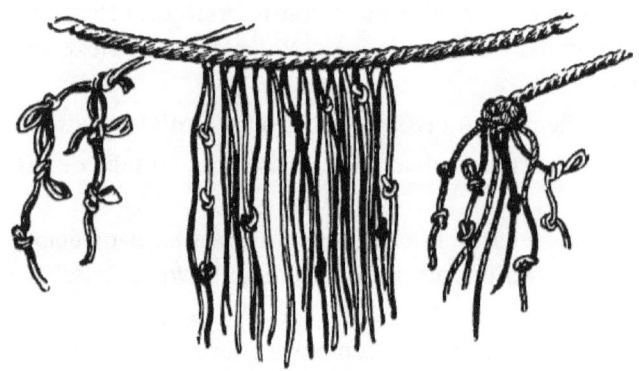

Un abaque utilisant des cordes

Le même abaque est lié à certains mots couramment répandus comme « banque » et « chèque ». « Banque » en allemand signifie banc. Qu'est-ce qui est commun entre une « banque » ou une institution financière au sens moderne du terme, et un banc ? Il s'avère que ce n'est pas une simple coïncidence. Les abaques en forme de bancs étaient répandus dans le monde des affaires allemandes aux XV-XVIe siècles. Chaque magasin de change ou bureau bancaire était caractérisé par la présence d'un « banc de calcul » - et bien sûr, le banc est devenu synonyme de banque.

L'abaque est indirectement lié au mot « chèque ». Ce mot est d'origine anglaise et est dérivé du verbe « checker ». La relation vient d'un tissu de cuir « à carreaux » qui s'appelait abaca et que les marchands anglais emportaient avec eux aux XVI-XVIIe siècles pour effectuer des calculs. Il était facilement transporté dans une poche et déployé sur une table à des fins de calcul. Ces tissus se sont développés au fil du temps et se sont transformés en appareils de calcul. Le mot « check » tel que nous le connaissons aujourd'hui vient de ces tissus qui sont « chekered ».

Curieusement, l'expression « rester avec les haricots » que nous utilisons maintenant pour désigner une personne qui a perdu tout son argent est d'origine très ancienne et remonte à l'époque où toutes les transactions en espèces - y compris les paiements entre personnes - étaient calculées en utilisant un abaque. Les haricots étaient utilisés sur un banc et jouaient le rôle des boutons dans notre abaque. Les gens qui ont perdu leur argent sont restés avec les haricots qui exprimaient la somme de leurs pertes. Cette expression a survécu et est toujours utilisée même si les haricots ne sont plus utilisés dans le calcul.

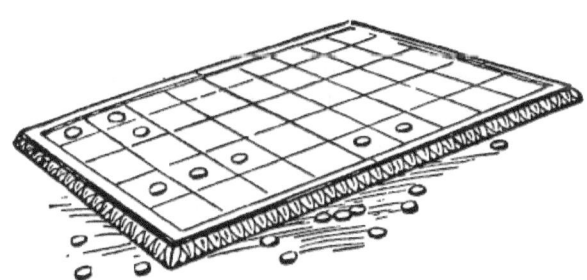

Un abaque utilisant des galets

Chapitre IV : Un peu d'histoire

« L'opération la plus difficile - la division »

Lorsque nous allumons une allumette, nous n'y pensons pas, mais en fait nous devrions profiter de ce moment pour réfléchir aux efforts que nos ancêtres ont fournis pour faire un feu, et cela n'était pas dans un passé très lointain. De même, très peu de gens se doutent de la difficulté à laquelle ont fait face nos ancêtres pour effectuer les quatre opérations arithmétiques. Heureusement, les nouvelles techniques de calcul ont rendu ces opérations plus faciles et plus pratiques et ont permet d'obtenir les résultats souhaités plus rapidement. Nos ancêtres utilisaient des techniques beaucoup plus lourdes et lentes. Et si un étudiant du XXe siècle avait pu être transporté quatre, voire trois siècles en arrière, il aurait surpris nos ancêtres par la rapidité et l'infaillibilité de ses calculs arithmétiques.

Les rumeurs à son sujet se seraient répandues dans les écoles et les monastères environnants. Il aurait surpassé les calculateurs les plus habiles de cette époque. De toute l'Europe, les gens seraient venus apprendre les nouvelles techniques du nouveau grand maître du calcul... en particulier des opérations telles que la multiplication et la division qui étaient complexes et difficiles pour nos ancêtres.

Cependant, retourner dans le passé n'est pas possible. Par conséquent, nos ancêtres doivent se contenter d'une douzaine de techniques différentes de multiplication et de division, qui étaient similaires dans leur complexité. Elles étaient toutes déroutantes, difficiles à retenir et difficiles à utiliser par une personne ordinaire. Chaque professeur de calcul a essayé de promouvoir sa technique préférée, et chaque « maître de division » (il y avait de tels spécialistes) a essayé d'inventer ses propres techniques. Il existe de multiples techniques de multiplication connues sous différents noms : « les échecs », « la flexion », « en partie ou dans la brèche », « la croix », « la grille », « la technique à l'envers », « le triangle », « la coupe ou le bol », « le diamant » et autres. De même, il y avait des techniques de division multiples avec des noms non moins fantaisistes. Elles rivalisaient en complexité.

Celles-ci ont été digérées avec beaucoup de difficulté et seulement

Chapitre IV : Un peu d'histoire

après une longue pratique. Il a même été reconnu que la maîtrise de l'art de la multiplication et de la division rapides et sans erreur exige un talent naturel spécial et une capacité exceptionnelle que les gens ordinaires n'avaient pas.

« L'opération la plus difficile… la division » disait un vieux proverbe latin, et la division utilise à juste titre des méthodes laborieuses et fastidieuses qui impliquaient de multiples manipulations. Peu importe que ces méthodes aient souvent des noms ludiques. Caché sous ces noms amusants, il y a généralement de longues et fastidieuses séries de manipulations complexes. Au XVIe siècle, le moyen le plus court et le plus pratique d'effectuer une division était appelé « bateau » ou « galère ». Niccolo Tartaglia, le célèbre mathématicien italien de l'époque a écrit sur cette technique dans son fameux tutoriel d'arithmétique le paragraphe suivant :

« La deuxième technique de division s'appelle Bateau à Venise [1], en raison de la vague ressemblance de la figure obtenue au cours de la division à un bateau. Dans tous les cas, la silhouette obtenue est vraiment très belle ; le bateau apparaît parfois bien décoré et équipé de tous les accessoires - les nombres qui apparaissent ressemblent aux proue et poupe du bateau, et à son mât, la voile et rames… »

L'ancien mathématicien italien recommandait vivement cette technique comme « la plus élégante, la plus simple, la plus fiable et la plus courante pour la division de tous les nombres possibles » - je n'ose toujours pas la présenter ici, de peur que même le lecteur patient s'ennuiera et fermera ce livre sans lire davantage.

Cette technique qui était vraiment très fatigante était la meilleure à cette époque. Elle a été utilisée en Russie jusqu'au milieu du XVIIIe siècle. Dans son livre « Arithmetic », Magnitsky l'a décrite comme l'une des six techniques disponibles à l'époque (aucune d'elles n'était similaire à la technique moderne que nous utilisons aujourd'hui) et l'a particulièrement recommandée. Dans son

---

[1] Venise et quelques autres villes d'Italie aux XIV-XVI siècles ont effectué un commerce maritime important. Par conséquent, les opérations arithmétiques qui ont été utilisées dans ces lieux à des fins commerciales, se sont développées plus tôt que dans d'autres pays et les meilleurs travaux d'arithmétique sont apparus à Venise. De nombreux termes italiens liés à l'arithmétique commerciale sont encore utilisés aujourd'hui.

livre volumineux (qui contenait 640 pages), Magnitsky l'a décrite comme une technique extrêmement « arcane » et n'a pas utilisé son nom de « bateau ».

Un bateau à Venise

Pour conclure, nous montrons au lecteur un bateau numérique en utilisant l'exemple mentionné dans le livre de Tartaglia :

```
                             4 | 6
              88            1 | 3              08
             0999            09              199
             1660            19              0860
             88876          0876             08877
           09999480000001994800000001999994
            166666000000086660000000866666
DIVIDENDE — 8888880000000888800000000888888 (88- QUOTIENT)
DIVISEUR  — 9999900000000999000000000099999
             999990000000099900000000099
```

Chapitre IV : Un peu d'histoire

Tradition antique sage

Arrivés après des efforts fatigants à la fin souhaitée d'une opération arithmétique, nos ancêtres ont jugé nécessaire de disposer de moyens pour vérifier l'exactitude des résultats. De plus, comme les techniques de calcul utilisées étaient lourdes, elles créaient une méfiance naturelle à l'égard de leurs résultats. En effet, il est plus facile de se perdre sur un long chemin sinueux que sur une route rectiligne qui utilise des techniques modernes. Cela conduit naturellement à l'ancienne tradition de vérifier chaque opération arithmétique effectuée. Il est recommandé de suivre cette tradition car cela ne nous fait pas de mal.

Une technique préférée pour atteindre cet objectif est le soi-disant test des neufs. C'est une technique très élégante qui est utile à connaître. Elle est souvent décrite dans les manuels d'arithmétique modernes, mais pour divers raisons, elle n'est pas fréquemment utilisée dans la pratique, ce qui ne réduit cependant pas ses mérites.

La vérification est basée sur la règle suivante (connue sous le nom de « règle des restes ») : Le reste de la division d'une somme par un nombre quelconque est la somme des restes de la division de chaque terme par le même nombre. De plus, on sait aussi que lorsqu'un nombre est divisé par 9, le reste obtenu est le même reste obtenu lorsque la somme de ses chiffres est divisée par 9. Par exemple, en divisant 758 par 9, on obtient un reste de 2, et lorsque la somme de ses chiffres $(5 + 7 + 8)$ est divisée par 9, on obtient le même reste (2).

À l'aide de ces deux propriétés, nous pouvons créer une technique de vérification appelée « règle des restes » ou « règle des neufs ».

Supposons que vous souhaitiez vérifier l'exactitude de l'addition illustrée ci-dessous :

$$\begin{array}{r} 38932 \dots\dots\dots 7 \\ 1096 \dots\dots\dots 7 \\ 4710043 \dots\dots\dots 1 \\ \underline{589106 \dots\dots\dots 2} \\ 5339177 \dots\dots\dots 8 \end{array}$$

Vous devez additionner mentalement les chiffres de chaque terme, puis dans les nombres résultants, additionner également les chiffres. Répétez le processus d'addition des chiffres jusqu'à ce qu'à la fin, vous n'obteniez qu'un seul chiffre. Les résultats de ce processus de réduction sont inscrits à côté de chaque nombre comme indiqué dans la figure ci-dessus. Maintenant, si vous additionnez ces nombres et répétez le même processus avec eux, vous obtiendrez 8. C'est le même nombre qui est obtenu si nous faisons les mêmes simplifications avec la somme des nombres originaux (5339177). En effet la somme 5 + 3 + 3 + 9 + 1 + 7 + 7 mène après simplification à 8 (c'est le reste de la division par 9).

Pour vérifier la soustraction, nous pouvons procéder de la même manière, si nous prenons la somme et la réduisons, puis soustrayons les nombres résultants, nous obtiendrions le même résultat en réduisant la différence. Par exemple :

$$
\begin{array}{rr}
6913 & \ldots\ldots 1 \\
-\ 2587 & \ldots\ldots 4 \\
\hline
4326 & 6
\end{array}
$$

4 + 6 = 10, i.e., 1 modulo 9.

De plus, il n'est pas compliqué de vérifier les multiplications, comme le montrent l'exemple suivant :

$$
\begin{array}{rr}
8713 & \ldots\ldots 1 \\
\times\ \ 264 & \ldots\ldots 3 \\
\hline
34852 & 3 \\
52278 & \\
17426\ \ \ & \\
\hline
2300232 & \ldots\ldots 3
\end{array}
$$

Si une telle vérification détecte une erreur, alors, pour déterminer où se trouve l'erreur, vous pouvez vérifier chacune des multiplications en utilisant le même processus pour vérifier qu'il n'y a pas d'erreurs avec chacune d'elles. Vous devez également

Chapitre IV : Un peu d'histoire

vérifier, en utilisant le même processus, qu'il n'y a pas d'erreurs avec les additions. De tels tests permettent d'économiser du temps et de l'effort. Cela n'est utile que pour les grands nombres à plusieurs chiffres. Avec de petits nombres, il est plus judicieux de refaire l'opération.

L'utilisation de cette méthode avec l'opération de division nécessite un peu d'explications. Si vous avez un cas de division sans reste, le contrôle est effectué comme pour la multiplication : Le nombre d'origine est considéré comme le résultat de la multiplication du diviseur par le quotient. Dans le cas d'une division avec reste, il faut utiliser le fait que le nombre d'origine est égal au diviseur x quotient + reste. Par exemple :

$$\underbrace{16201387}_{1} : \underbrace{4457}_{2} = \underbrace{3635}_{8}; \quad \text{Reste} \quad \underbrace{192}_{3}$$

Somme des chiffres

$2 \times 8 + 3 = 19; 1 + 9 = 10; 1 + 0 = 1.$

Dans « Arithmétique », Magnitsky a proposé les représentations suivantes pour le processus de vérification :

Pour les multiplications :

```
      365        5
       24     3──┼──3
      ────       
      1460       
       730       6
      ────      ──
      8760      30
```

Pour les divisions :

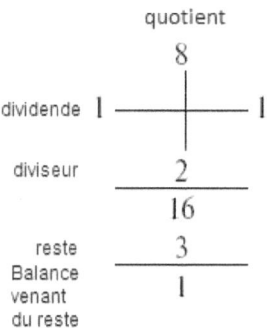

C'est sans aucun doute une méthode de vérification qui ne laisse pas beaucoup à désirer en termes de rapidité et de commodité. Cependant, vous ne pouvez pas en dire autant de sa fiabilité : Des erreurs peuvent échapper à cette méthode. En effet, lorsqu'un nombre a ses chiffres permutés, le reste de sa division par 9 ne changerait pas. Pire, parfois, lorsque certains chiffres sont remplacés par d'autres, le remplacement passe sans être détecté par une telle méthode de vérification. Il est également possible de se soustraire au contrôle de cette méthode en utilisant des neuf et des zéros supplémentaires, car ils n'affectent pas les restes de la division par 9. Par conséquent, vous devez être prudent lorsque vous utilisez cette méthode de vérification.

Nos ancêtres étaient conscients des limites de cette méthode, ils l'ont donc utilisée mais ont quand même fait une vérification supplémentaire - souvent à l'aide de 7. Cette méthode utilise toujours la même « règle des restes », mais n'est pas aussi pratique que les neuf, car en divisant par 7, vous devez compléter entièrement la division pour trouver le reste (et il est facile de faire une erreur dans le processus de vérification lui-même). Cependant, deux vérifications (utilisant neuf et sept) sont suffisamment fiables pour vérifier une opération arithmétique. En effet, si une erreur échappe à une vérification, il est fort probable qu'elle soit interceptée par l'autre. Notez, cependant, qu'il existe des erreurs qui peuvent échapper aux deux vérifications. Cela se produit lorsque la différence entre le résultat obtenu (erroné) et le résultat réel est un multiple du nombre $7 \times 9 = 63$. Heureusement, dans les calculs habituels, où les erreurs sont généralement de 1 ou 2 unités, il est possible de se limiter à la vérification utilisant les neufs. La vérification utilisant les sepis est trop lourde. La vérification n'est bonne que lorsqu'elle est pratique.

Méthode de multiplication « russe »

Dans certains endroits, nos paysans utilisent parfois, par nécessité, une méthode très ingénieuse de multiplication des nombres entiers, qui ne ressemble pas à celle utilisée dans les écoles. Cette méthode est apparemment héritée de l'ancienne antiquité. Ce qui rend la méthode intéressante est le fait qu'en l'utilisant, vous pouvez effectuer des multiplications sans avoir besoin de tables de multiplication. La multiplication de deux nombres quelconques est réduite à une série d'opérations successives divisant un facteur par deux tout en doublant l'autre facteur. Voici un exemple :

$$32 \times 13$$
$$16 \times 26$$
$$8 \times 52$$
$$2 \times 208$$
$$1 \times 416$$

Les opérations se poursuivent jusqu'à ce que le premier facteur soit égal à un. Prenez le second facteur de la dernière ligne et vous obtiendrez le résultat souhaité. Le fondement de cette méthode est évident : le produit ne change pas si un facteur est divisé par deux tandis que l'autre est doublé. Par conséquent, il est clair qu'à la suite de ces opérations répétitives, nous obtiendrons le produit souhaité :

$$32 \times 13 = 416.$$

Cependant, que faire si, lors du processus de réduction de moitié du premier facteur, nous obtenons un nombre impair ? Il est facile de surmonter cette difficulté. Il est nécessaire dans le cas d'un nombre impair au niveau du premier facteur de mettre de côté une unité du deuxième facteur correspondant et de continuer le processus avec le nombre pair inférieur suivant du côté du premier facteur. Le processus de réduction de moitié et de doublement se poursuivrait jusqu'à ce que nous atteignions un au niveau du premier facteur, mais pour obtenir le bon produit, il est nécessaire d'ajouter tous les nombres qui ont été mis de côté au résultat de la ligne finale. En pratique, il est possible d'oublier toutes les lignes contenant le premier facteur pair et de ne conserver que les lignes où le premier facteur est un nombre impair (y compris le dernier avec le nombre 1 comme premier facteur). Ajoutez les seconds facteurs de ces lignes et vous obtiendrez le produit. Voici un exemple (l'astérisque indique que cette ligne doit être supprimée) :

$$19 \times 17$$
$$9 \times 34$$
$$4 \times 68 \ *$$
$$2 \times 136 \ *$$
$$1 \times 272$$

En ajoutant les seconds facteurs dans les lignes à conserver, nous obtenons le résultat correct :

$$\begin{array}{r} 17 \\ 34 \\ \underline{272} \\ 323 \end{array}.$$

Il n'est pas difficile de comprendre la validité théorique de cette méthode, si l'on tient compte du fait que 19 × 17 = (18 + 1) x 17 = 18 x 17 + 17 = 9 × 34 + 17 = (8 + 1) × 34 + 17 = 8 x 34 + 34 + 17 = 4 x 68 + 34 + 17 = 2 × 136 + 34 + 17 = 272 + 34 + 17.

Comme vous le voyez, vous ne pouvez pas nier le caractère pratique de cette technique populaire de multiplication. Le magazine scientifique anglais « Knowledge » l'a surnommé « la technique du paysan russe ».

Le pays des pyramides

Il est très probable que cette méthode nous soit parvenue d'un pays lointain et ancien - l'Égypte. Nous en savons très peu sur les opérations arithmétiques dont disposaient les habitants de l'ancienne terre des pyramides. Mais un monument intrigant a été préservé - le papyrus sur lequel étaient enregistrés des exercices d'arithmétique des élèves des écoles d'arpentage de l'Égypte ancienne. Ce soi-disant papyrus de Rhind remonte à entre 2000 et 1700 avant JC[1] et représente une copie des manuscrits plus anciens copiés par un certain homme nommé Aames.

1 Un papyrus a été repéré par l'égyptologue britannique Henry Rhind, il était enfermé dans une boîte en étain. Déplié, il mesurait 10 mètres de long et 6 pouces de large. Il est exposé au British Museum de Londres.

Chapitre IV : Un peu d'histoire

Scribe[1] Aames a trouvé un « cahier d'étudiant » de cette époque lointaine. Il a soigneusement retranscrit tous les exerces de calcul des futurs géomètres - avec leurs erreurs et les corrections du professeur - et a donné à ce document un titre solennel qui nous est parvenu sous la forme incomplète suivante :

« Manuel pour acquérir la connaissance sur toutes les choses sombres... tous les secrets cachés dans les choses. Compilé avec les pharaons de l'Egypte ancienne »

Dans ce document intéressant, qui date d'il y a environ 40 siècles et des temps plus anciens, nous pouvons trouver les quatre exemples suivants de multiplications qui sont effectuées d'une manière qui rappelle notre manière russe (les points devant les nombres indiquent le nombre d'unités du facteur ; le signe « + » indique les nombres faisant l'objet de l'addition finale) :

$$(8 \times 8)$$
$$. \, 8$$
$$... \, 16$$
$$.... \, 32$$
$$:::: \, 64$$

$$(9 \times 9)$$
$$. \, 9 \, +$$
$$.. \, 18$$
$$.... \, 36$$
$$:::: \, 72 \, +$$
$$\text{Total} \, ... \, 81$$

$$(8 \times 365)$$
$$. \, 365$$
$$.. \, 730$$
$$.... \, 1460$$
$$:::: \, 2920$$

$$(7 \times 2801)$$
$$. \, 2801 \, +$$
$$.. \, 5602 \, +$$
$$.... \, 11204 \, +$$
$$\text{Total} \, ... \, 19607$$

Vous pouvez voir à partir de ces exemples qu'une technique de multiplication similaire à celle utilisée par nos paysans était déjà

---

1 Le titre de « Scribe » appartenait à la troisième classe des prêtres égyptiens. Leurs responsabilités concernaient la construction de temples et d'autres propriétés foncières. Les connaissances mathématiques, astronomiques et géographiques étaient leur spécialité principale (V. Bobynin).

utilisée par les anciens Égyptiens il y a des milliers d'années avant notre ère. Pour des raisons inconnues, ces techniques ont migré de l'ancienne terre des pyramides vers les villages russes modernes. Si on avait demandé aux anciens Égyptiens de multiplier, par exemple, 19 × 17, ils auraient produit cette opération comme suit : Ils écriraient une série de doublements successifs du nombre 17 :

1	17 +
2	34 +
4	68
8	136
16	272 +

Et puis ils additionneraient les nombres qui sont marqués ci-dessus avec un signe « + », soit 17 + 34 + 272. Ils auraient trouvé, évidemment, le résultat correct : 17 + (2 × 17) + (16 × 17) = 19 × 17. Il est facile de voir qu'une telle technique est essentiellement très similaire à celle utilisée par nos « paysans » (remplacement de la multiplication par une série de doublements successifs).

Il est difficile de dire comment les paysans russes ont réussi à préserver un mode de multiplication aussi ancien et comment ils sont devenus connus pour ce dernier. Les auteurs britanniques l'ont baptisée « à la manière des paysans russes ». En Allemagne, certaines personnes ordinaires utilisaient cette technique ici et là et l'appréciaient, mais elles l'appelaient aussi « russe ».

Il est intéressant d'obtenir les informations disponibles auprès des lecteurs pour savoir s'ils appliquent cette technique (ou toute autre technique) de multiplication dans leurs régions respectives, et cela peut fournir des indices sur les origines de celle-ci. En effet, les mathématiques traditionnelles devraient faire l'objet d'une attention particulière avec un accent sur les techniques utilisées par les gens pour le calcul et la mesure. Ces techniques devraient être considérées comme les monuments nationaux de la créativité mathématique. Elles ont parcouru des périodes extrêmement longues depuis l'Antiquité à notre ère moderne.

L'historien des mathématiques V.V. Bobynin a même créé un programme pour la collecte de œuvres mathématiques. Ceux-ci comprenaient (1) les techniques de calcul, (2) les méthodes de mesure comprenant le poids, (3) les méthodes de résolution, (4) les énigmes, etc.

Chapitre V : Systèmes numériques non décimaux

Autobiographie mystérieuse

Permettez-moi de commencer ce chapitre par un problème que j'ai proposé il y a quinze ans aux lecteurs d'un magazine.[1] Ce dernier a été conçu comme « Concours » et son énoncé était comme suit :

Autobiographie mystérieuse

L'autobiographie d'un mathématicien excentrique a commencé par les lignes suivantes :
« J'ai obtenu mon diplôme universitaire à l'âge de 44 ans. Un an plus tard, en tant que jeune homme de 100 ans, j'ai épousé une fille de 34 ans. Il y avait une légère différence d'âge - 11 ans - qui a contribué au fait que nous avons vécu des intérêts et des rêves communs. Après quelques années, nous étions déjà une petite famille avec 10 enfants. Je recevais un salaire de seulement 200 roubles par mois, dont 1/10 devait être donné à ma sœur, alors nous vivions avec les enfants en utilisant 130 roubles par mois...
Comment expliquez-vous les étranges contradictions dans les numéros de ce passage ?

La solution au problème est suggérée par le titre de ce chapitre : Les systèmes numériques non décimaux - c'est la seule explication de l'apparente incohérence des nombres ci-dessus.

Examinons plus en détail l'idée. Il n'est pas difficile de deviner ce que représente le mathématicien excentrique. Regardons la première phrase « Un an plus tard (c'est-à-dire après l'âge de 44 ans), en tant que jeune homme de 100 ans... » Donc, si l'addition d'une unité au nombre 44 donne 100, cela signifie que le chiffre 4 est le plus élevé du système (comme par exemple le chiffre 9 dans le système décimal), et on peut donc en déduire que le système de base 5 est utilisé. Le mathématicien excentrique a utilisé le système de base 5 tout au long de sa biographie, c'est-à-dire dans lequel le premier chiffre représente les unités (entre 0 et 4) et le deuxième chiffre

---

[1] "Nature and People" (puis a été réimprimé dans la collection d'E.I. Ignatieff « In the realm of wit »).

représente les cinq (au lieu de représenter les dizaines comme dans le système décimal), tandis que le troisième chiffre représente les « vingt-cinq » au lieu des centaines, etc. Par conséquent, le nombre indiqué dans l'écriture « 44 » ne signifie pas un $4 \times 10 + 4$, comme c'est le cas dans le système décimal, mais plutôt $4 \times 5 + 4$, ce qui est égal à vingt-quatre dans le système décimal. De même, le nombre « 100 » dans l'autobiographie du mathématicien a une unité dans la troisième position qui représente les « vingt-cinq » dans le système de base 5, donc ce nombre est égal à 25. Les autres nombres de l'autobiographie pourraient être écrits comme suit dans le système décimal :

$$
\begin{aligned}
\text{« 34 »} &= 3 \times 5 + 4 = 19 \\
\text{« 11 »} &= 5 + 1 = 6 \\
\text{« 200 »} &= 2 \times 25 = 50 \\
\text{« 10 »} &= 5 \\
\text{« }1/_{10}\text{ »} &= 1/_5 \\
\text{« 130 »} &= 25 + 3 \times 5 = 40
\end{aligned}
$$

En rétablissant la vraie signification des nombres, toutes les contradictions disparaissent :

J'ai obtenu mon diplôme d'université à l'âge de 24 ans. Un an plus tard, en tant que jeune homme de 25 ans, j'ai épousé une fille de 19 ans. La légère différence d'âge – seulement 6 ans – a contribué au fait que nous avons vécu des intérêts et des rêves communs. Après quelques années, nous étions déjà une petite famille avec 5 enfants. J'avais un salaire de 50 roubles, dont un cinquième devait être donné à ma sœur, alors nous avons vécu avec les enfants avec un budget de 40 roubles.

Est-il difficile de représenter des nombres dans d'autres systèmes numériques ? Rien de plus simple. Supposons que vous vouliez représenter le nombre 119 dans le système de base 5. Divisez 119 par 5 pour connaître le quotient et le reste de la division :

119 : 5 = 23, avec un reste de division de 4.

Par conséquent, le premier chiffre dans le système de base 5 sera 4. En outre, 23 cinq ne peuvent pas tout tenir dans la deuxième position. Le chiffre le plus élevé que nous pouvons obtenir en deuxième position dans le système de base 5 est 4. Divisons donc 23 par 5 :

$$23 : 5 = 4 \text{ avec un reste de division de 3.}$$

Cela montre que le numéro 3 sera situé en deuxième position (celle des « cinq ») et le numéro 4 sera situé en troisième position (celle des « vingt-cinq »). Ainsi 119 peut s'écrire $25 + 4 \times 3 + 5 \times 4$, ou « 434 » dans le système de base 5.

Les opérations effectuées peuvent être résumées comme suit :

```
119 | 5
  4 | 23 | 5
       3 | 4
```

Afin d'obtenir la représentation du nombre dans le nouveau système de base, il vous suffit d'écrire les chiffres en italique de droite à gauche. Vous obtiendrez immédiatement la représentation souhaitée.

Voici quelques exemples supplémentaires :

(1) Représentation du nombre 47 dans le système ternaire :

```
47 | 3
 2 | 15 | 3
      0 | 5
```

Réponse : « 502. » Vérification : $5 \times 9 + 0 + 2 \times 3 = 47$.

(2) Représentation du nombre 200 dans le système septénaire :

```
200 | 7
 14 | 28 | 7
 60   0 | 4
  4
```

Réponse : « 404. » Vérification : $4 \times 49 \times 0 + 4 + 7 = 200$.

(3) Représentation du nombre 163 dans le système de base 12 :

```
163 | 12
 43 | 13 | 12
  7 |  1 |  1
```

Réponse : « 117. » Vérification : 1 × 144 + 1 × 12 + 7 = 163.

Je pense que le lecteur est maintenant capable de représenter n'importe quel nombre dans n'importe quel système numérique. Le seul problème qui peut survenir est lié au fait que les 10 chiffres, tels que nous les connaissons, peuvent ne pas être suffisants pour représenter tous les nombres. En fait, dans un système avec une base de plus de dix (par exemple, le système de base 12), on a besoin d'une représentation pour les « chiffres » 10 et 11. Mais il n'est pas difficile de résoudre de cette difficulté. Cela peut être fait en choisissant de nouveaux symboles ou lettres pour ces deux chiffres. Par exemple, nous pouvons choisir pour le chiffre 10, la lettre J qui se trouve à la 10ème position de l'alphabet et de même choisir la lettre K pour le chiffre 11. Ainsi, le nombre 1579 est représenté dans le système de base 12 comme suit :

```
1579 | 12
  12 | 131 | 12
  37 |  11 | 10     «(10) (11)7», ou  7.
  19 |
   7
```

Vérification : 10 × 144 + 11 × 12 + 7 = 1579.

Le système numérique le plus simple

En général, il est facile de réaliser que dans chaque système, le chiffre le plus élevé est obtenu en soustrayant une unité de la base du système. Par exemple, dans le système décimal, le chiffre le plus élevé est 9. Dans le système de base 6, le chiffre le plus élevé est 5. Dans le système ternaire, le chiffre le plus élevé est 2, et dans le système de base 15, le chiffre le plus élevé est 14, etc.

Plus simple est un système, moins il nécessite de chiffres. Le système décimal nécessite 10 chiffres (0 et les 9 autres chiffres), le système de base 5 ne nécessite que 5 chiffres, le système ternaire nécessite 3 chiffres (1, 2 et 0) et le système binaire ne nécessite que 2 chiffres (1 et 0).

Maintenant, la question est de savoir si un système à 1 base est vraiment un système ? Bien sûr, il s'agit d'un système dans lequel une unité d'un niveau supérieur n'est qu'une autre unité du niveau inférieur, c'est-à-dire qu'elles sont égales. Nous pouvons probablement l'appeler le système « unique ». C'est le plus ancien « système » connu des humains. Il avait été utilisé par des hommes primitifs, qui faisaient des entailles sur les arbres pour enregistrer un nombre d'articles dénombrables. Il y a une énorme différence entre ce système et tous les autres systèmes numériques : Il lui manque une caractéristique très importante : La soi-disant valeur de position des chiffres. En effet, dans ce système « unique », le chiffre qui se trouve en 3ème ou 5ème position a le même sens et vaut la même valeur que le chiffre en 1ère position. Par opposition, même dans le système binaire une unité en 3ème position (à droite) est 4 fois plus grande qu'une unité en première position, et une unité en 5ème position est 16 fois plus grande qu'une unité en 1ère position. Par conséquent, ce système « unique » nous donne très peu d'avantages, car la représentation de n'importe quel nombre nécessite exactement le même nombre de chiffres que le nombre des unités observées. Ainsi, pour représenter 100 unités dans ce système, vous auriez besoin de 100 chiffres, tandis que dans le système binaire, vous n'en avez besoin que de sept (« 1100100 ») et dans le système de base 5, vous vous n'en avez besoin que de trois (« 400 »).

C'est pourquoi le système « unique » peut difficilement être qualifié de « système ». Du moins, il ne peut pas être mis au même niveau que les autres systèmes, car il est fondamentalement différent d'eux, ne permettant aucune économie dans la représentation des unités. Si nous mettons ce système de côté, le système numérique le plus simple serait le système binaire dans lequel nous n'utilisons que deux chiffres : 0 et 1. En utilisant 0 et 1, il est possible de représenter un ensemble infini de nombres! En pratique, ce système n'est pas très utile car les nombres deviennent rapidement trop longs,[1] mais théoriquement, il a tous les droits pour être le plus simple. Il a quelques fonctionnalités intéressantes qui lui sont exclusives. Ces fonctionnalités, entre autres, peuvent être utilisées pour exécuter une variété de tours mathématiques spectaculaires, dont nous parlerons bientôt en détail dans le chapitre « Tours sans tricher ».

Arithmétique extraordinaire

Nous sommes tellement habitués aux calculs simples que nous les faisons automatiquement. Cependant, ceux-ci génèrent un stress considérable si nous essayons de les appliquer à des nombres écrits dans un système autre que le système décimal. Essayez, par exemple, d'effectuer l'addition des deux nombres suivants écrits sur le système base 5 :

$$+\begin{array}{r}\text{«}4203\text{»}\\ \text{«}2132\text{»}\end{array}$$ (Dans le système de base 5)

Commencez l'addition avec les unités, c'est-à-dire à partir de la droite : 3 + 2 égal 5, mais nous ne pouvons pas écrire 5 car ce chiffre n'existe pas dans le système de base 5. Cette somme est égale à une unité du niveau supérieur. Donc la somme 3 + 2 est égale à 10. Au deuxième niveau on a 0 + 3 = 3 avec l'addition à l'unité obtenue précédemment on obtient 4 unités au deuxième niveau. Au troisième niveau, nous avons 2 + 1 = 3. Au quatrième niveau, nous avons 4 + 2 qui est égal à 11 dans le système de base 5. Ainsi, la somme souhaitée est 11340.

$$+\begin{array}{r}\text{«}4203\text{»}\\ \underline{\text{«}2132\text{»}}\\ \text{«}11340\text{»}\end{array}$$ (Dans le système de base 5)

Le lecteur peut vérifier cet ajout en convertissant les termes

---

1 Mais, comme nous le verrons, les tables d'addition et de multiplication dans un tel système sont simplifiées à l'extrême.

d'origine au système décimal, en complétant l'addition, puis en convertissant la somme résultante au système de base 5.

De même, d'autres opérations telles que les soustractions et les multiplications pourraient être effectuées. Voici ci-dessous quelques exemples. Ceux-ci sont donnés sous forme d'exercices sur lesquels le lecteur peut s'exercer.

Dans le système de base 5
$$\begin{array}{r} «2143» \\ - «334» \\ \hline «1304» \end{array} \qquad \begin{array}{r} \times «213» \\ «3» \\ \hline «1144» \end{array} \qquad \begin{array}{r} \times «42» \\ «31» \\ \hline «42» \\ «231» \\ \hline «2402» \end{array}$$

Dans le système ternaire
$$\begin{array}{r} «212» \\ + «120» \\ «201» \\ \hline «2010» \end{array} \qquad \begin{array}{r} \times «122» \\ «20» \\ \hline «10210» \end{array} \qquad \begin{array}{l} «220»: 2 = «110» \\ «201» : 12 = «10» \\ (\text{Reste} \quad «11»). \end{array}$$

Vous pouvez effectuer les opérations ci-dessus, en convertissant d'abord les nombres d'origine au système décimal, en effectuant ces opérations dans ce nouveau système, puis en reconvertissant le résultat au système d'origine. Cependant, vous pouvez procéder en utilisant l'alternative suivante : Préparez une « table d'addition » et une « table de multiplication » pour les chiffres simples dans le système d'origine. Par exemple, la table d'addition dans le système de base 5 est la suivante :

0	1	2	3	4
1	2	3	4	10
2	3	4	10	11
3	4	10	11	12
4	10	11	12	13

Avec cette table, nous pourrions additionner les nombres « 4203 » et « 2132 » écrits dans le système de base 5 avec beaucoup moins d'efforts que la méthode employée précédemment. De même, avec

Chapitre V : Systèmes numériques non décimaux

cette simplification, les soustractions peuvent être effectuées plus facilement.

De plus, il est facile de préparer une table de multiplication (également appelée « table de Pythagore ») pour le système de base 5 :

1	2	3	4
2	4	11	13
3	11	14	22
4	13	22	31

Avec une telle table à votre portée, vous pouvez facilement effectuer des multiplications (et des divisions) dans le système de base 5. Vous pouvez facilement vérifier les résultats obtenus dans les exemples ci-dessus. Par exemple, pour la multiplication suivante :

$$\text{Dans le système de base 5} \begin{cases} \begin{array}{r} \times\ \ «213» \\ «3» \\ \hline «1144» \end{array} \end{cases}$$

Procédez comme suit : D'après le tableau, 3 fois 3 est égal à « 14 ». Écrivez 4 et gardez 1 à l'esprit. Ensuite, à partir du tableau, 3 fois 1 est égal à «3», en additionnant le 1 de la multiplication des unités, nous obtenons 4. Notez 4. Ensuite, à nouveau du tableau, 3 fois 2 est égal à 11. Notez 11. Nous obtenons le résultat final: «1144».

Plus le système de base est petit, moins les tables d'addition et de multiplication sont pertinentes. Par exemple, pour le système ternaire, les deux tables sont les suivantes :

Table des additions dans le système ternaire	0	1	2
	1	2	10
	2	10	11

59

Table des multiplications dans le système ternaire	1	2
	2	11

Elles pourraient être immédiatement mémorisées et utilisées pour effectuer des opérations. Les plus petites tables d'addition et de multiplication sont obtenues pour le système binaire :

Table des additions dans le système binaire	0	1
	1	10

Table des multiplications dans le système binaire

$1 \times 1 = 1$

A partir d'une « table » aussi simple, nous pouvons effectuer toutes les opérations du système binaire. La multiplication dans ce système est en fait très simple : Multiplier par 0 conduit à 0. Multiplier par 1 signifie laisser l'autre facteur inchangé. Multiplier par « 10 », « 100 », « 1000 », etc. est aussi simple que d'ajouter le nombre approprié de zéros à droite. En ce qui concerne les additions, vous devez simplement vous souvenir d'un résultat - celui du système binaire 1 + 1 = 10. Le système binaire est le système le plus simple pour les opérations arithmétiques de base. Cette simplicité est malheureusement contrebalancée par l'extrême longueur des nombres de ce système.

Prenons, à titre d'exemple, la multiplication suivante :

$$\text{Système binaire} \begin{cases} \times & \text{«1001011101»} \\ & \text{«100101»} \\ \hline & \text{«1001011101»} \\ + & \text{«1001011101»} \\ & \text{«1001011101»} \\ \hline & \text{«101011101110001»} \end{cases}$$

Pour effectuer cette opération, il suffit simplement de réécrire le premier nombre aux bons endroits : Cela demande moins d'effort mental que la multiplication des mêmes nombres dans le système décimal (605 × 37 = 22385). Si nous avons adopté le système binaire, le calcul exigerait beaucoup moins d'effort mental (mais malheureusement plus de papier et d'encre).

Pair ou impair ?

Sans la représentation d'un nombre dans le système décimal, il est bien sûr difficile de deviner s'il est pair ou impair. Par conséquent, si vous voyez un nombre, ne vous précipitez pas pour dire s'il est impair ou pair si vous ne savez pas dans quel système il est écrit. Prenons le numéro 16 et essayons de savoir s'il est pair ou impair.

Si vous savez que ce nombre est écrit dans le système décimal, alors sans aucun doute, vous pouvez dire que c'est un nombre pair. Mais s'il a été écrit dans un autre système, pouvez-vous être sûr qu'il représente un nombre pair ?

La réponse est non. Si la base est, par exemple, sept, alors « 16 » = 7 + 6 = 13, qui est un nombre impair. La même chose se produira pour chaque base impaire (car chaque nombre impair + 6 = nombre impair).

D'où la conclusion que le critère familier de divisibilité par deux (le dernier chiffre est pair) ne convient que pour le système décimal. Pour les autres systèmes, ce critère n'est pas toujours correct. À savoir, il n'est valable que pour les systèmes avec une base paire : Base 6, base 8, etc. Voici un critère très bref pour les bases impaires : La somme des chiffres doit être paire. Par exemple, le nombre « 136 » est pair dans n'importe quel système et même dans les systèmes de bases impaires. En effet, avec ce nombre, nous avons un chiffre impair + impair + pair = nombre pair.

Avec le même soin, considérons le problème suivant : Le nombre 25 est-il divisible par 5 ? Dans les systèmes numériques de base 7 ou de base 8, 25 n'est pas divisible par 5 (car « 25 » serait égal à 19 ou 21 dans ces systèmes). De même, un critère bien connu de divisibilité par 9 (la somme des chiffres du nombre doit être divisible par 9) n'est correct que dans le système décimal. En revanche, dans le système de base 5, ce critère est applicable à la divisibilité par quatre et, dans le système de base 7, ce même critère est applicable à la divisibilité par 6. Ainsi, le nombre « 323 » dans le système de base 5 est divisible par 4, car 3 + 2 + 3 = 8, et le nombre « 51 » dans le système de base 7 est divisible par 6 (vous pouvez facilement le vérifier en convertissant les nombres dans le système décimal : Vous obtiendrez 88 et 36). Pourquoi avons-nous de tels critères ? Le lecteur peut comprendre la raison s'il observe le critère de divisibilité par 9 et fait le même argument, convenablement modifié, pour les systèmes de base 5 et de base 7.

Maintenant, supposons que nous ayons les égalités suivantes :

$$\left. \begin{array}{l} 121 : 11 = 11 \\ 144 : 12 = 12 \\ 21 \times 12 = 441 \end{array} \right\} \text{Ces égalités sont valides uniquement dans un seul système numérique}$$

Si vous connaissez les rudiments de l'algèbre, vous pouvez facilement trouver la base et expliquer les propriétés de ces équations.

Une fraction sans dénominateur

Nous sommes habitués au fait que les fractions écrites sans dénominateur ne sont possibles que dans le système décimal. Donc, à première vue, il semble qu'écrire directement sans dénominateurs 2/7 ou 1/7 dans un autre système numérique est impossible. Mais n'oublions pas que l'écriture d'une fraction sans dénominateur est également possible dans d'autres systèmes numériques. Par exemple, que signifie la fraction « 0,4 » dans le système de base 5 ? Bien sûr, cela signifie la fraction 4/5. « 1,2 » dans le système de base 7 signifie 12/7. Que signifie la fraction « 0,33 » dans le système de base 7 ? Ici, le résultat est plus compliqué : 3/7 + 3/49 = 24/49.

Voici quelques exemples de fractions non décimales écrites sans dénominateur :

« 2,121 » dans le système ternaire est égal à 2 + 1/3 + 2/9 + 1/27 = 216/27

« 1,011 » dans système binaire est égal à 1 + 1/4 + 1/8 = 13/8

« 3,431 » dans le système de base 5 est égal à 3 + 4/5 + 3/25 + 1/125 = 3116/125

« 2,555… » dans le système de base 7 est égal à 2 + 5/7 + 5/49 + 5/343 + … = 17/6

Chapitre VI : Musée des curiosités numériques

Curiosités arithmétiques

Dans le monde des nombres, comme dans le monde des êtres vivants, il existe de véritables raretés aux propriétés exceptionnelles. De telles propriétés inhabituelles pourraient de manière réaliste être utilisées pour créer un musée pour les curiosités numériques. Dans les vitrines d'un tel musée, on trouverait non seulement une place pour des nombres géants qui seront discutés dans un chapitre séparé, mais on trouverait aussi des petits nombres qui possèdent des propriétés extraordinaires. Certains d'entre eux sont déjà capables d'attirer l'intérêt et l'attention par leur apparence, tandis que d'autres possèdent des propriétés cachées étranges. Nous invitons le lecteur à visiter avec nous ce musée et à se familiariser avec certaines de ces œuvres numériques.

Passons sans nous arrêter devant les premières vitrines, car nous connaissons tous les propriétés des nombres associés. Nous connaissons déjà les propriétés remarquables associées au nombre 2.

Non pas parce que c'est le premier nombre pair, mais parce que c'est la base la plus confortable que nous pourrions utiliser.

De la même manière, ne soyez pas surpris lorsque nous rencontrons le nombre 5 ici.

Outre 10, le nombre 5 est l'un de nos favoris. Il joue un rôle important dans tout « arrondi », y compris l'arrondissement des prix, qui nous coûte si cher.

De même, nous ne serons pas surpris de trouver le nombre 9.

Certainement pas parce qu'il est le symbole de la permanence,[1] mais parce que c'est le nombre qui facilite les vérifications arithmétiques.

La véritable excitation commence lorsque nous atteignons la vitrine derrière laquelle le nombre 12 est exposé.

Pourquoi le nombre 12 est-il si remarquable ? Évidemment, c'est le nombre de mois dans une année et le nombre d'unités dans une douzaine. Mais pourquoi, en substance, une douzaine est-elle si spéciale ? Peu de gens savent que 12 est un nombre très ancien et a presque battu d'autres rivaux (y compris le nombre 10) pour être utilisé comme base pour nos calculs de la vie quotidienne.

Les civilisations de l'Orient ancien - les Babyloniens et leurs prédécesseurs, les anciens habitants de la Mésopotamie - utilisaient 12 comme base pour leurs calculs de la vie quotidienne. Ce n'est que grâce à la puissante influence de l'Inde que nous sommes passés au système décimal. Sans cette influence, il est très probable que nous serions restés avec le système babylonien de base 12.

À certains égards, nous utilisons encore des éléments du système de base 12, malgré la victoire du système décimal. Notre addiction à la douzaine et au grosse (qui fait référence à 144 unités ou une douzaine de douzaines), notre division de la journée en deux douzaines d'heures, la division des heures - 5 douzaines de minutes, et les minutes - le même nombre de secondes, notre division du cercle en 30 douzaines de degrés, la division des pieds en 12 pouces et de nombreuses autres unités sont des exemples éloquents de la grande influence de cet ancien système.

---

[1] Les anciens (les adeptes de Pythagore) croyaient que 9 était le symbole de la permanence, puisque les 10 premiers multiples de 9 retiennent la même somme de chiffres (9).

Doit-on se réjouir que dans la lutte entre la douzaine et la dizaine, ce dernier ait finalement gagné ? Bien sûr, nos propres dix doigts qui peuvent être considérés comme des calculatrices vivantes sont de puissants alliés contre les douzaines. Sans les doigts, nous aurions préféré les douzaines au lieu des dizaines. Il est beaucoup plus facile d'effectuer des paiements dans un système de base 12 plutôt que dans un système décimal. La raison en est que le nombre 10 n'est divisible qu'en 2 et 5, alors que 12 peut être divisé par 2, 3, 4 et 6. Donc, au lieu de 2 diviseurs, nous aurions quatre. D'autres avantages du système de base 12 deviendront plus clairs si vous prenez en compte le fait que dans ce système, un nombre se terminant par un zéro est un multiple de 2, 3, 4 et 6 : Imaginez à quel point il serait pratique de diviser un nombre par 1, 2, 3, 4, 6 et les résultats seraient tous des entiers.

De plus, si un nombre exprimé dans le système de base 12 se termine par deux zéros, alors celui-ci doit être divisible par 144, et donc par tous les facteurs de 144, c'est-à-dire la longue série de nombres suivants :

2, 3, 4, 6, 8, 9, 12, 16, 18, 24, 36, 48, 72, 144.

Ainsi, au lieu d'avoir au moins 8 diviseurs (2, 4, 5, 10, 20, 25, 50 et 100) pour les nombres se terminant par deux zéros dans le système décimal, vous aurez au moins 14 diviseurs dans le système de base 12.[1]

Et tandis que dans le système décimal, seules les factions 1/2, 1/4, 1/5, 1/20 etc. sont converties en nombres décimaux, dans le système

---

1 Ce serait cependant une grande erreur de penser que la divisibilité du nombre peut dépendre du système dans lequel le nombre est représenté. Si les noix contenues dans un sac peuvent être décomposées en cinq piles égales, cette propriété ne dépendra pas du fait que le nombre de noix dans le sac est exprimé dans un système numérique particulier, écrit avec des mots ou exprimé d'une autre manière différente. Si un nombre, écrit dans le système de base 12, est divisible par 6 ou 72, alors le même nombre écrit dans le système décimal par exemple aurait les mêmes diviseurs. La seule différence est que dans un système en base 12, la divisibilité par 6 ou 72 est plus facile à repérer (i.e., le nombre se termine par un ou deux zéros). Lorsque les gens parlent des avantages du système de base 12 en termes d'un nombre plus élevé de diviseurs, gardez à l'esprit que cela est dû à notre prédilection pour les nombres « ronds ». En effet, en pratique, on pourrait trouver des nombres plus arrondis dans le système de base 12 que dans le système décimal.

de base 12, beaucoup plus de fractions peuvent être converties en nombres décimaux sans le dénominateur. Cela inclut les factions 1/2, 1/3, 1/4, 1/6, 1/8, 1/9, 1/12, 1/16, 1/18, 1/24, 1/36, 1/48, 1/72, 1/144, qui sont représentés respectivement comme suit :

0,6, 0,4, 0,3, 0,2, 0,16, 0,14, 0,1, 0,09, 0,08, 0.06, 0,04, 0,03, 0,02, 0,01.

Avec ces avantages évidents pour le système de base 12, il n'est pas surprenant que plusieurs mathématiciens réclament une transition complète vers ce système. Cependant, nous sommes désormais très habitués au système décimal, et il est trop tard pour une telle réforme.

Vous voyez donc qu'une douzaine a une longue histoire derrière elle et que le nombre 12 s'est retrouvé dans notre musée de curiosités numériques pour une raison. Mais son voisin – « la douzaine de boulanger » 13 est également présent.

$$\boxed{13}$$

Le nombre 13 est présent ici, non pas parce que c'est un numéro remarquable, mais parce qu'il est considéré comme un nombre « effrayant » par les personnes superstitieuses malgré le fait qu'il n'a rien de spécial.

Le nombre 365

Ce nombre est remarquable non seulement parce que c'est le nombre de jours dans une année, mais surtout parce que sa division par 7 donne un reste de 1. Cette caractéristique apparemment insignifiante est très importante dans les calculs de calendrier :

$$\boxed{365}$$

En raison de cette propriété, chaque année commune (non

Chapitre VI : Musée des curiosités numériques

bissextile) se termine avec le même jour de la semaine avec lequel elle a commencé. Si, par exemple, le jour de l'An d'une année commune était un lundi, alors le dernier jour de l'année sera un lundi et l'année suivante commencera avec un mardi. Pour cette même raison - car le reste de la division de 365 par 7 est 1 - il aurait été facile de modifier notre calendrier pour qu'une date calendaire donnée tombe toujours le même jour de la semaine - par exemple si le 1 Mai d'une année donnée était un dimanche, ce serait un dimanche toutes les autres année. Ainsi, les années commenceraient toujours le même jour de la semaine et chaque date serait le même jour de la semaine d'une année à l'autre. Dans les années bissextiles qui contiennent 366 jours, nous aurions les deux premiers jours de l'année comptés comme jours fériés spéciaux afin que la règle ci-dessus soit respectée. Cela simplifierait considérablement la gestion de notre calendrier. Malheureusement, le nombre de jours dans une année est de 365 et non de 364. Ainsi, nous devons faire face à des calculs complexes afin de pouvoir trouver quel jour de la semaine est une date donnée dans le passé ou le futur.

Le nombre 365 possède également une autre propriété qui n'est pas associée au calendrier mais qui est néanmoins très intéressante. Celle-ci vient du fait que :

$$365 = 10 \times 10 + 11 \times 11 + 12 \times 12.$$

Ainsi, 365 est la somme des carrés de trois nombres consécutifs, commençant par dix :

$$10^2 + 11^2 + 12^2 = 100 + 121 + 144 = 365.$$

Mais ce n'est pas tout : Il est égal à la somme des carrés des nombres 13 et 14 :

$$13^2 + 14^2 = 169 + 196 = 365.$$

Il n'y a pas beaucoup de nombres qui possèdent cette curieuse propriété.

Trois neufs

Un autre nombre qui présente des propriétés remarquables est construit en utilisant trois chiffres égaux : 999

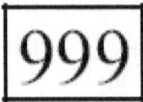

Ce nombre est beaucoup plus intéressant que son image inversée - 666. Ce dernier est le fameux « nombre de la bête » ou le nombre de l'Apocalypse et il inspire une grande peur chez les superstitieux, mais ses propriétés arithmétiques ne se démarquent pas du reste des nombres.

Une caractéristique curieuse du nombre 999 apparaît lorsqu'il est multiplié par tout autre nombre à trois chiffres. Vous obtiendrez un nombre à six chiffres dans lequel les trois premiers chiffres à gauche reproduisent le nombre original réduit d'une unité, et les trois derniers chiffres sont obtenus en calculant la différence entre 999 et le nombre obtenu à partir des trois premiers chiffres. Par exemple :

$$573 \times 999 = 572427 \quad \begin{array}{r} 572 \\ \hline 999 \end{array}.$$

Il suffit de regarder l'égalité suivante pour comprendre l'origine de cette propriété :

$$573 \times 999 = 573 \times (1000 - 1) = \left\{ \begin{array}{r} 573000 \\ -573 \\ \hline 572427 \end{array} \right..$$

À partir de cette propriété, nous pouvons obtenir une méthode très simple pour la multiplication « instantanée » de n'importe quel nombre à trois chiffres par 999 :

847 × 999 = 846153, 509 × 999 = 508491, 981 × 999 = 980019, etc.

Et puisque 999 = 111 x 9 = 3 × 3 × 3 × 37, vous pouvez, à la vitesse de l'éclair, écrire toute une liste de nombres à six chiffres qui sont des multiples de 37. Évidemment, quelqu'un qui n'est pas familier avec les propriétés du nombre 999 ne serait pas en mesure de le faire. Bref, vous pouvez organiser de petites sessions de « multiplication et division instantanées » pour les non-initiés et montrer des capacités de magicien comme nul autre.

Glorifié par Shéhérazade

Ensuite, nous avons 1001 qui a été glorifié par Shéhérazade :

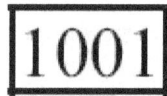

Vous ne saviez probablement pas que dans le titre même de la collection des Mille et Une Nuits se trouve aussi un miracle qui aurait capturé l'imagination du fabuleux sultan au-delà des autres merveilles de l'Orient s'il s'intéressait aux curiosités arithmétiques.

Pourquoi le nombre 1001 est-il si magique ? En apparence, il semble assez ordinaire. Il n'appartient même pas à la catégorie des nombres premiers (dits élus). Le Crible d'Eratosthène montre qu'il est divisible par 7, 11 et 13 - trois nombres premiers consécutifs dont le produit est exactement le nombre 1001. Mais le fait que 1001 = 7 × 11 × 13 n'a rien de magique. Ce qui est plus remarquable, c'est que lorsque vous considérez un nombre à trois chiffres et le multipliez par 1001, vous obtiendrez un nombre composé du nombre original écrit deux fois : par exemple, 873 × 1001 = 873873, 207 × 1001 = 207207, etc. Et bien que cela soit prévisible, puisque 873 × 1001 = 1000 x 873 + 873 = 878000 +878 = 878878, il peut être utilisé pour obtenir des résultats complètement inattendus devant une personne non informée.

À savoir, quiconque n'est pas initié aux mystères arithmétiques peut faire l'objet du prochain tour. Demandez à un ami d'écrire librement un nombre à trois chiffres (que vous ne connaissez pas) sur une feuille de papier, puis laissez-le affixer à nouveau le même nombre. Il obtiendra un nombre à six chiffres composé de trois chiffres répétés. Demandez-lui de diviser ce nombre par 7. Il sera surpris de découvrir que le nombre est divisible par 7. Demandez-lui d'écrire le résultat de la division sur un papier et de le passer à un deuxième ami sans que vous ne le voyiez. Demandez à ce deuxième ami de diviser le nombre par 11. Encore une fois, il sera surpris de découvrir que le nombre est divisible par 11. Demandez-lui de transmettre le résultat à un troisième ami sans que vous ne le voyiez. Demandez au troisième ami de diviser ce résultat par 13. Encore une fois, le nombre est divisible par 13. Prenez le résultat de cette division sans le voir et passez-le au premier ami en lui disant :

- Est-ce votre nombre ?

Ce beau tour de magie produit une impression énorme sur un public non initié. C'est en fait très simple : Rappelez-vous qu'affixer à un nombre initial à trois chiffres les mêmes chiffres équivaut à le multiplier par 1001, c'est-à-dire le multiplier par 7 x 11 x 13. Le nombre à six chiffres communiqué à votre ami après l'ajout est donc divisible par 7, 11 et 13, puis en le divisant successivement par ces trois nombres (c'est-à-dire leur produit - 1001), on retrouve le nombre d'origine.

Ne devrions-nous pas nous émerveiller de ce résultat comme si nous étions un enfant lisant Shéhérazade et ses merveilles magiques des Mille et une Nuits ? La seule différence est que tout miracle arithmétique a une explication rationnelle, tandis que les merveilles de l'Orient restent incompréhensibles. De plus, alors que les miracles de l'arithmétique sont réels, les miracles des contes de fées sont fictifs ...

Le nombre 10101

Après ce qui a été dit sur le nombre 1001, vous ne serez pas surpris de voir une autre vitrine avec le nombre 10101 :

Chapitre VI : Musée des curiosités numériques

$$\boxed{10101}$$

Vous pouvez deviner quelles propriétés ont permis à ce nombre de remporter de tels honneurs. Comme le nombre 1001, 10101 donne des résultats surprenants lorsqu'il est multiplié par des nombres à deux chiffres (au lieu de nombres à trois chiffres) : chaque nombre à deux chiffres, lorsqu'il est multiplié par 10101 se traduit par lui-même, écrit trois fois. Par exemple : 73 × 10101 = 737373, 21 × 10101 = 212121. La raison ressort clairement de l'égalité suivante :

$$73 \times 10101 = 73(10000 + 100 + 1) = \begin{cases} 730000 \\ + \quad 7300 \\ \underline{\qquad 73} \\ 737373 \end{cases}.$$

Puis-je formuler des devinettes à l'aide de ce nombre extraordinaire comme ce que j'avais fait en utilisant le nombre 1001 ? Bien sûr, on peut obtenir une impression encore plus spectaculaire si l'on garde à l'esprit que 10101 est le produit de quatre nombres premiers :

$$10101 = 3 \times 7 \times 13 \times 37.$$

Tout d'abord, vous proposez à une personne de choisir à un nombre à deux chiffres (n'importe lequel) et de l'écrire sans que vous le voyiez. Vous proposez à une deuxième personne d'écrire à nouveau le même nombre, puis vous proposez à une troisième personne de l'écrire une autre fois pour qu'ils obtiennent un numéro à six chiffres. Vous proposez à une quatrième personne de diviser le nombre à six chiffres résultant par 7, puis à une cinquième personne de diviser le quotient résultant par 3, et à une sixième personne de diviser le quotient résultant (de la division par 3) par 37, et enfin, à une septième personne de diviser le quotient résultant par 13. Toutes les quatre divisions sont effectuées sans que les personnes correspondantes voient le nombre d'origine. Ensuite, vous prenez le résultat de la dernière division et demandez à la première personne si c'est le nombre qu'il a initialement écrit. Il sera surpris.

Vous pouvez répéter le même tour tout en y ajoutant de la variété en utilisant différents diviseurs. À savoir, au lieu de diviser par 3, 7, 13, 37, vous pouvez diviser par 21, 13, 37 ou 7, 39, 37 ou 3, 91, 37 ou 13, 7, 111.

Ce nombre – 10101 – possède probablement plus de propriétés magiques que le nombre de Shéhérazade (1001), même s'il est moins connu. Leonty Mignitsky a écrit sur ce nombre il y a environ deux cents ans dans son livre « Arithmétique », et a inclus des calculs surprenants. C'est une raison de plus pour l'inclure dans notre collection de curiosités arithmétiques.

Six unités

La figure suivante illustre un autre nombre qui possède des propriétés inhabituelles qui lui permettent d'entrer dans notre musée.

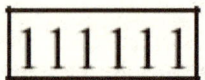

Ce nombre se compose de six unités. Grâce à notre familiarité avec les propriétés magiques du nombre 1001, nous nous rendons immédiatement compte que :

$$111111 = 111 \times 1001.$$

Cependant, 111 = 37 × 3 et 1001 = 7 × 11 × 13. Il s'ensuit que notre nombre (111111) est le produit de cinq facteurs premiers. En combinant ces cinq facteurs en deux groupes de diverses manières, nous obtenons 15 paires de facteurs qui donnent le même produit (111111), à savoir :

$$3 \times (7 \times 11 \times 13 \times 37) = 3 \times 37037 = 111111$$
$$7 \times (3 \times 11 \times 13 \times 37) = 7 \times 15873 = 111111$$
$$11 \times (3 \times 7 \times 13 \times 37) = 11 \times 10101 = 111111$$
$$13 \times (3 \times 7 \times 11 \times 37) = 13 \times 8547 = 111111$$
$$37 \times (3 \times 7 \times 11 \times 13) = 37 \times 3003 = 111111$$

$(3 \times 7) \times (11 \times 13 \times 37) = 21 \times 5291 = 111111$
$(3 \times 11) \times (7 \times 13 \times 37) = 33 \times 3367 = 111111$
etc.

Cela signifie que nous pouvons avoir 15 personnes effectuant chacune des multiplications simples mais différentes d'une paire de facteurs et obtenir toujours le même résultat : 111111. De plus, nous pouvons utiliser ce nombre pour des devinettes de la même manière que ce que nous avons fait avec les nombres 1001 et 10101. Dans ce cas, vous devez demander à quelqu'un de réfléchir à un nombre à un chiffre, puis lui demander de répéter ce chiffre 6 fois. Demandez à d'autres personnes de diviser successivement le résultat par les cinq nombres premiers suivants : 3, 7, 11, 13 et 37 (ou toute autre combinaison telle que 21, 33, 39, etc.), vous obtiendrez le nombre original. Cela permet divers jeux divertissants.

Pyramides numériques

La vitrine suivante du musée montre des attractions numériques d'un genre particulier. Elles ressemblent à des pyramides composées de nombres. Voici de plus près la première de ces pyramides :

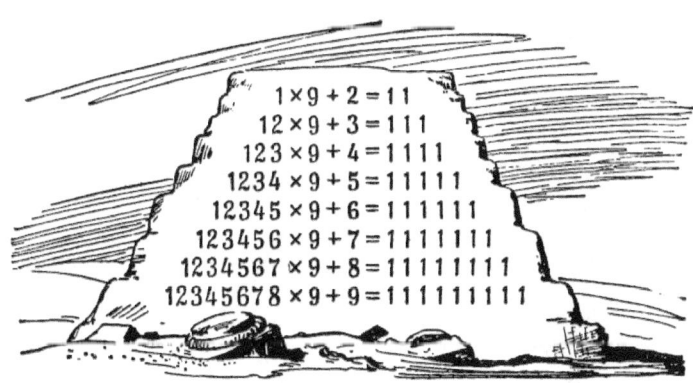

Comment expliquer les résultats particuliers de ces opérations arithmétiques et le motif étrange qui en résulte ?

Prenons par exemple une ligne intermédiaire de notre pyramide numérique : 123456 × 9 + 7. Au lieu de multiplier par 9, nous pouvons multiplier de manière équivalente par (10 - 1), c'est-à-dire ajouter un chiffre 0 au nombre original et soustraire le même nombre original du résultat. Ainsi, nous avons l'égalité suivante :

$$123456 \times 9 + 7 = 1234560 + 7 - 123456 = \left\{ \begin{array}{r} 1234567 \\ - \underline{123456} \\ 1111111 \end{array} \right. .$$

Il suffit de regarder la dernière soustraction pour comprendre pourquoi nous obtenons le résultat ci-dessus, qui s'écrit avec un seul chiffre.

Nous pouvons également comprendre cette fonctionnalité en utilisant d'autres considérations. Pour transformer 12345... en 11111..., nous devons soustraire 1 du deuxième chiffre, 2 du troisième, 3 du quatrième, 4 du cinquième et ainsi de suite. En d'autres termes, nous soustrayons du nombre 12345... le même nombre mais dix fois plus petit avec le dernier chiffre supprimé. Maintenant, il est clair que pour obtenir le résultat souhaité, nous devons multiplier le nombre par 10 et y ajouter le dernier chiffre suivant et en soustraire le nombre d'origine (multiplier par 10 puis soustraire le multiplicande équivaut à multiplier par 9).

La pyramide numérique suivante peut être expliquée de la même manière :

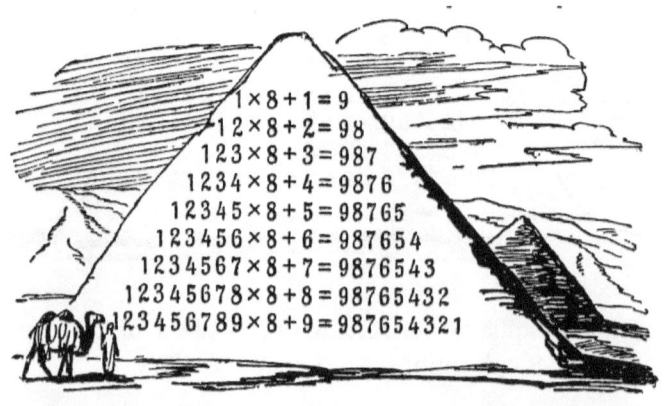

Chapitre VI : Musée des curiosités numériques

Celle-ci est obtenue en multipliant les nombres construits à l'aide de chiffres successifs par 8 puis en ajoutant successivement des nombres croissants. La dernière ligne de cette pyramide est particulièrement intéressante. En effet, en multipliant le nombre par 8 et en ajoutant 9, l'ordre d'origine des chiffres dans le nombre est complètement inversé.

L'obtention de résultats aussi étranges devient claire à partir de la ligne suivante :[1]

$$12345 \times 8 + 5 = \left\{ -\begin{array}{c} 12345 \times 9 + 6 \\ 12345 \times 1 + 1 \end{array} \right\} = \left\{ -\begin{array}{c} 111111 \\ 12346 \end{array} \right.$$

C'est-à-dire, 12345 × 8 + 5 = 111111 - 12346. Mais soustraire le nombre 12346 de 111111 conduit à un nombre composé d'une série de chiffres croissants (98765).

La validité de la troisième pyramide numérique reproduite ici, est une conséquence directe de la validité des deux premières.

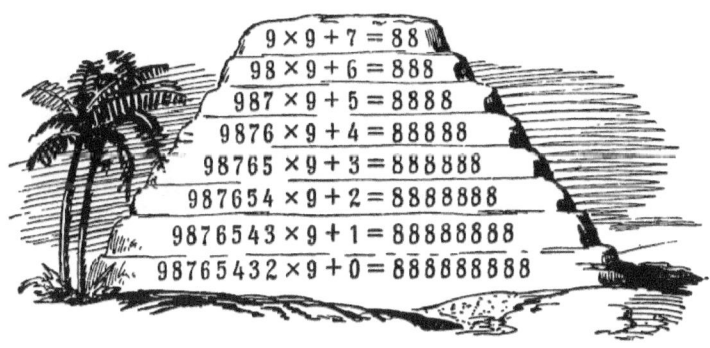

Cette relation s'établit très facilement. Par exemple, de la première pyramide, on sait déjà que :

12345 × 9 + 6 = 111111.

En multipliant les deux côtés par 8, on obtient : (12345 × 9 × 8) + (8 × 6) = 888888.

---

[1] La raison pour laquelle 12345 × 9 + 6 donne comme résultat 111111 est discutée dans la pyramide numérique précédente.

Mais de la deuxième pyramide, nous savons que $12345 \times 8 + 5 = 98765$ ou $12345 \times 8 = 98760$.

Cela signifie que : $888888 = (12345 \times 9 \times 8) + (8 \times 6) = (98760 \times 9) + 48 = (98760 \times 9) + (9 \times 5) + 3 = (98760 + 5) \times 9 + 3 = 98765 \times 9 + 3$.

Maintenant, vous êtes sûr que la pyramide numérique originale n'est pas aussi mystérieuse qu'il n'y paraît à première vue. Les calculs associés ne sont pas difficiles à comprendre si vous les observez de près. Cela n'a pas empêché un journal allemand il y a quelques années de les mettre dans ses colonnes avec la note suivante : « La raison de ces régularités frappantes n'est toujours pas expliquée. » Vous pouvez le voir ici, et affirmer qu'il n'y a presque rien à expliquer.

Neuf chiffres identiques

À partir de la dernière ligne de la première pyramide numérique ci-dessus, nous savons que :

$12345678 \times 9 + 9 = 111111111$

Cette ligne explique tout un groupe de curiosités arithmétiques intéressantes qui ont été rassemblées dans notre musée dans la vitrine suivante :

```
12345679 ×  9 = 111111111
12345679 × 18 = 222222222
12345679 × 27 = 333333333
12345679 × 36 = 444444444
12345679 × 45 = 555555555
12345679 × 54 = 666666666
12345679 × 63 = 777777777
12345679 × 72 = 888888888
12345679 × 81 = 999999999
```

En tenant compte du fait que $12345678 \times 9 + 9 = (12345678 + 1) \times 9 = 12345679 \times 9$. On obtient $12345679 \times 9 = 111111111$.

Il s'ensuit donc directement que :

12345679 × 9 × 2 = 222222222
12345679 × 9 × 3 = 333333333
12345679 x 9 × 4 = 444444444
etc.

Escalier numérique

Que se passe-t-il si le nombre 111111111, que nous avons vu auparavant, est multiplié par lui-même ? Vous pouvez prédire à l'avance que le résultat devrait être bizarre - mais le connaissez-vous exactement ? Si vous avez la capacité d'imaginer l'alignement des nombres, vous pouvez trouver un moyen intéressant de calculer le résultat sans recourir à une multiplication sur papier. Après tout, en substance, la multiplication se limite ici au bon alignement des chiffres, car tout ce dont on a besoin est de multiplier une unité par unité. Ensuite, l'addition des résultats de différentes multiplications est réduite à la simple addition d'unités.[1] Compte tenu de l'ordonnancement des neuf rangées d'unités, on peut facilement retrouver - même sans écrire le tableau reproduit ci-dessous - le résultat de cette multiplication unique en son genre : 12345678987654321.

---

1 Dans le système binaire, comme nous l'avons expliqué précédemment (voir chapitre V), toutes les multiplications sont de ce type. Avec cet exemple, nous sommes clairement convaincus des avantages du système binaire.

Tous les neuf chiffres sont disposés dans un ordre strict, décroissant symétriquement à partir du milieu dans les deux sens. Les lecteurs fatigués des curiosités numériques peuvent quitter ici cette vitrine et se rendre dans la galerie suivante du musée d'arithmétique où sont exposés des nombres géants.

Anneau magique

Quel étrange anneau exposé dans la vitrine suivante de notre musée ? Devant nous, nous avons trois anneaux plats tournant l'un dans l'autre. Sur chaque anneau, 6 chiffres sont inscrits dans le même ordre. En d'autres termes, chaque anneau contient le même nombre : 142857.

$$\boxed{142857}$$

La raison qui nous a conduit à mettre ces anneaux dans notre musée de curiosités arithmétiques est cette propriété étonnante qu'ils ont : Peu importe comment vous faites tourner les anneaux, en ajoutant les deux nombres inscrits sur l'anneau extérieur et l'anneau central (les nombres sont formés en partant du même point et la lecture se fait en se déplaçant dans la direction indiquée par les flèches sur la figure), conduira à un nombre à six chiffres qui pourrait être formé sur l'anneau intérieur (le résultat est généralement un nombre à six chiffres). Essayez-le par vous-mêmes, déplacez l'anneau magique !

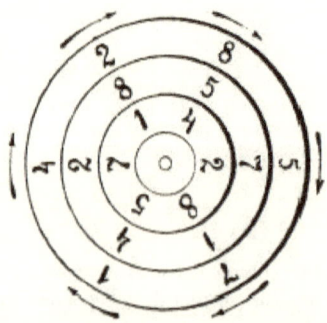

Dans l'exemple illustré dans la figure ci-dessus, ajoutez les nombres dans les deux anneaux extérieurs :

$$\begin{array}{r} 142857 \\ +428571 \\ \hline 571428 \end{array}$$

On obtient le nombre affiché sur l'anneau intérieur. Dans une autre disposition des anneaux les uns par rapport aux autres, nous obtenons les deux exemples suivants :

$$\begin{array}{r} 285714 \\ +571428 \\ \hline 857142 \end{array} \qquad \begin{array}{r} 714285 \\ +142857 \\ \hline 857142 \end{array}$$

Il existe cependant une exception à cette règle générale. En effet, lorsque les six chiffres de l'anneau extérieur complètent les six chiffres de l'anneau intermédiaire, on obtient une somme égale à 99999 comme illustré dans l'exemple suivant :

$$\begin{array}{r} 285714 \\ +714285 \\ \hline 999999 \end{array}$$

Il y a aussi une autre propriété impressionnante sur les anneaux. Si vous soustrayez le nombre de l'anneau extérieur du nombre du milieu, vous obtiendrez celui de l'anneau intérieur. Voici quelques exemples :

$$\begin{array}{r} 428571 \\ -142857 \\ \hline 285714 \end{array} \qquad \begin{array}{r} 571428 \\ -285714 \\ \hline 285714 \end{array} \qquad \begin{array}{r} 714285 \\ -142857 \\ \hline 571428 \end{array}$$

Il existe une exception à cette règle. Celle-ci se produit lorsque les deux nombres (ceux de l'extérieur et du milieu) sont parfaitement alignés et que leurs chiffres correspondent. Dans ce cas, la différence entre les deux est nulle. Mais ce ne sont pas les seules merveilleuses qualités de notre nombre (142857). Multipliez-le par 2, 3, 4, 5 ou 6 et vous obtiendrez, comme auparavant, les mêmes chiffres d'origine, avec un ou plusieurs d'entre eux déplacés de manière circulaire :

$$142857 \times 2 = 285714$$
$$142857 \times 3 = 428571$$
$$142857 \times 4 = 571428$$
$$142857 \times 5 = 714285$$
$$142857 \times 6 = 857142$$

Vous pouvez voir que le produit de la multiplication contient les mêmes chiffres que le nombre d'origine, mais l'ordre de ces derniers est modifié : Un groupe de chiffres d'un côté est déplacé de l'autre côté du nombre.

Il est temps d'expliquer la raison de toutes ces propriétés de ce nombre mystérieux. Nous allons commencer à percer ses secrets en le multipliant par 7 : Le résultat est 999999. Notre nombre n'est donc ni plus ni moins que le septième de 999999, c'est-à-dire, que la fraction 142857/999999 est égale à 1/7. Et si vous convertissez 1/7 en fraction décimale, vous obtiendrez :

$$1 : 7 = 0,142857 \ldots \text{ou encore } 1/_7 = 0,(142857).$$
$$\underline{10}$$
$$\underline{30}$$
$$\underline{20}$$
$$\underline{60}$$
$$\underline{40}$$
$$\underline{50}$$
$$1$$

Notre nombre mystérieux est donc une fraction périodique infinie, qui s'obtient en répétant 7 chiffres. On comprend maintenant pourquoi on obtient une telle caractéristique en le doublant, etc. Ce nombre permute simplement un groupe de chiffres d'un endroit à un autre. En le multipliant par 2, on obtient la fraction 2/7 au lieu de 1/7. Lorsque vous essayez de convertir la fraction 2/7 en décimales, vous remarquerez que 2 est l'un des restes que nous avons obtenus lors de la conversion de 1/7 : il est

Chapitre VI : Musée des curiosités numériques

clair que les chiffres obtenus lors de la conversion de 2/7 seraient une répétition des chiffres obtenus lors de la conversion de 1/7. En d'autres termes, nous devrions avoir la même période, mais seuls quelques chiffres seront différents à la fin. La même chose devrait se produire lors de la multiplication par 3, 4, 5 et 6, c'est-à-dire que la même période serait trouvée dans la conversion décimale. En multipliant par 7, nous obtenons une unité entière - c'est-à-dire 0,999999…. si vous considérez 1 comme un nombre décimal périodique infini.

Les curieux résultats de l'addition et de soustraction sur les anneaux s'expliquent par le même fait, i.e., une fraction décimale de période 142857 est égale à 1/7. Que faisons-nous en tournant un anneau de quelques chiffres ? Nous permutons les chiffres de ce dernier, c'est-à-dire, selon l'explication ci-dessus, nous multiplions le nombre 142857 par 2, 3, 4, etc. Par conséquent, toutes les opérations d'addition ou de soustraction de nombres écrits sur les anneaux sont réduites à l'addition ou à la soustraction de fractions 1/7, 2/7, 3/7, etc. En conséquence, nous devons bien sûr obtenir un nombre entier de septièmes - c'est-à-dire encore une fois notre série de nombres 142857 dans différentes permutations circulaires. Il est uniquement nécessaire d'exclure les cas où lorsque de tels nombres sont ajoutés, nous obtenons une somme de septièmes qui totalise 1 ou plus de 1.

Cependant, ces cas ne doivent pas être complètement exclus : Ils donnent des résultats qui ne sont pas identiques à ceux évoqués précédemment, bien qu'ils soient encore très similaires. Considérez attentivement le résultat qui découle de la multiplication de notre nombre mystérieux par un facteur supérieur à 7, soit 8, 9, etc. Multipliez 142857, par exemple par 8 : Nous pouvons multiplier d'abord par 7 (nous obtiendrons 999999) et ensuite ajouter le nombre initial :

$142857 \times 8 = 7 \times 142857 + 142857 = 999999 + 142857 = 1000000 - 1 + 142857 = 1000000 + (142857 - 1) = 1142856$

Le résultat final - 1142856 - diffère du nombre initial -142857- en ayant un chiffre d'une unité qui lui est ajouté sur le côté gauche, en plus il est diminué d'une unité. Nous pouvons utiliser cette règle similaire pour multiplier 142857 par tout autre nombre supérieur à 7, comme on peut le voir facilement dans les lignes suivantes :

$142857 \times 8 = 142807\ (142857 \times 7) + 142857 = 1000000 - 1 + 142857 = 1142856$

$142857 \times 9 = 142857\ (142857 \times 7) + (142{,}857 \times 2) = 1000000 - 1 + 285714 = 1285713$

$142857 \times 10 = (142857 \times 7) + (142857 \times 3) = 1000000 - 1 + 428571 = 1428570$

$142857 \times 16 = (142857 \times 7 \times 2) + (142857 \times 2) = 2000000 - 2 + 285714 = 2285713$

$142857 \times 39 = (142857 \times 7 \times 5) + (142857 \times 4) = 5000000 - 5 + 571428 = 5571427$

La règle générale ici est la suivante : Multiplier 142857 par un facteur donné revient à le multiplier par la décomposition de ce facteur en un multiple de 7 et le reste de la division factorielle par 7. En multipliant 142857 par un multiple de 7, il est possible d'écrire le résultat sous forme de différence entre un multiple de million et le même.[1] Supposons que nous voulions multiplier 142857 par 86. Décomposez 86 en le divisant par 7. Vous obtiendrez 86 = 7 x 12 + 2. Par conséquent, la multiplication conduit à 12000000 - 12 + 285714 = 12285702.

Un autre exemple : Considérons la multiplication de 142857 par 365; on obtient (comme 365 modulo 7 donne 52, et un reste de 1) :

$142857 \times 365 = 52142857 - 52 = 52142803.$

Après avoir appris cette règle simple et mémorisé les résultats de multiplication de notre nombre extravagant par des facteurs de 2 à 6 (ce qui n'est pas difficile - vous devez vous rappeler uniquement avec quels chiffres ils commencent), vous pouvez étonner les non-initiés avec votre vitesse fulgurante de multiplication de ce nombre à six chiffres. Pour vous souvenir de ce nombre, vous pouvez utiliser les faits suivants : Le nombre provient de la division de 1 par 7. Avec cela, vous pouvez facilement trouver les trois premiers

---

[1] Si le multiplicateur est un multiple de 7, le résultat est égal au nombre 999999 multiplié par le nombre de sept dans le facteur. Cela permet d'effectuer facilement la multiplication mentalement. Par exemple, 142857 × 28 = 999999 x 4 = 1000000 x 4 - 4 = 3999996.

chiffres 142. Les trois autres sont obtenus en soustrayant les trois premiers de trois neuf :

$$\begin{array}{r} 999 \\ \underline{-142857} \\ 857 \end{array}$$

Nous avons déjà eu affaire à ces nombres - à savoir, lorsque nous avons discuté des propriétés du nombre 999. En nous rappelant ce que nous avons dit dans cette section, nous nous rendons immédiatement compte que le nombre 142857 est évidemment le résultat de la multiplication de 143 par 999 :

$$142857 = 143 \times 999.$$

Mais 143 = 13 × 11. Rappelez-vous ce que nous avons mentionné précédemment à propos de 1001, qui est égal à 7 × 11 × 13. Nous pourrons prédire sans effectuer aucune opération quel devrait être le résultat de la multiplication 142857 × 7 :

$$142857 \times 7 = 143 \times 999 \times 7 = 999 \times 11 \times 13 \times 7 = 999 \times 1001 = 999999$$

(Nous pouvons certainement effectuer toutes ces transformations en tête).

Une famille phénoménale

Nous avons vu que le nombre 142857 fait partie de toute une famille de nombres ayant les mêmes propriétés. Voici un autre nombre : 058823594117647

$$\boxed{058823594117647}$$

Le 0 à gauche fait également partie du nombre et jouera un rôle plus tard. Si vous multipliez ce nombre par 4, vous obtiendrez le même nombre mais avec les quatre premiers chiffres déplacés de

l'autre côté :
0588235294117647 x 4 = 2352941176470588

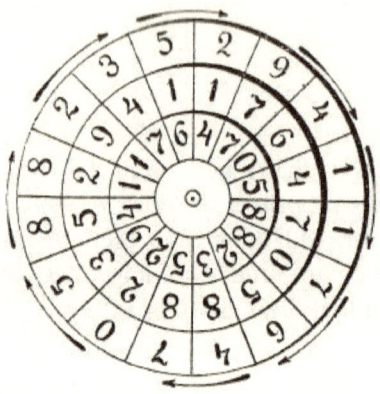

Lorsqu'il est représenté sur une roue (comme illustré ci-dessus) avec trois anneaux, ce nombre présente la propriété suivante : Lors de l'addition des nombres inscrits sur les anneaux extérieur et central, nous obtenons le nombre inscrit sur l'anneau intérieur, qui est le même mais décalé de manière circulaire. Voici un exemple :

$$+ \begin{array}{r} 0588235294117647 \\ 2352941176470588 \\ \hline 2941176470588235 \end{array}$$

Cette propriété est valable même lorsque les deux nombres à additionner sont identiques. De même, si nous soustrayons le nombre de l'anneau extérieur du celui du central, nous obtenons le nombre de l'anneau intérieur.

$$- \begin{array}{r} 2352941176470588 \\ 0588235294117647 \\ \hline 1764705882352941 \end{array}$$

Enfin, ce nombre se compose de deux moitiés : La seconde moitié est la différence entre un nombre à 8 chiffres contenant des neufs et la première moitié. Il n'est pas difficile de deviner comment la série numérique présentée s'est avérée si proche du nombre 142857. Si ce dernier nombre représente la période de la fraction infinie 1/7, alors notre nombre est susceptible d'être une période d'une autre fraction. Et c'est vraiment le cas : Notre longue série de chiffres n'est ni plus ni moins que la période d'une fraction infinie, à savoir 1/17 :

$$1/17 = 0,(0588235294117647).$$

C'est pourquoi la multiplication de ce nombre par des multiplicateurs de 1 à 16 aboutit à la même série de chiffres, dans laquelle un seul ou quelques chiffres initiaux sont transférés à la fin du nombre. Inversement, transférer un ou quelques chiffres du début du nombre à sa fin équivaut à accroître le nombre plusieurs fois (1 à 16). En combinant deux anneaux qui tournent l'un par rapport à l'autre, nous faisons une addition de deux multiples de ce nombre, par exemple, le triple et le décuple du nombre. Évidemment, nous devrions obtenir le résultat sur l'anneau car 13 fois le nombre d'origine n'est qu'une autre permutation de la série originale de chiffres.

Cependant, à certaines positions des anneaux, on obtient des nombres légèrement différents de la série originale. Par exemple, si nous tournons l'anneau de sorte que le premier nombre soit 6 fois le nombre d'origine tandis que le second nombre est 15 fois l'original, la somme des deux nombres doit être 6 + 15 = 21 fois le nombre d'origine. Mais un tel multiplicateur est facile à deviner car nous connaissons les résultats de la multiplication par des nombres compris entre 1 et 16. En effet, comme notre période numérique est égale à 1/17, multiplier par 17 donnerait 16 neuf (soit autant que leur dénominateur implicitement décimal) lorsqu'il est multiplié par 17, ou 1 suivi de 17 zéros moins 1. Par conséquent, lorsque notre nombre est multiplié par 21, soit 17 + 4, on obtiendrait le multiplicateur associé à 4 ajouté à une unité. Le multiplicateur associé à 4 commence par les mêmes chiffres qui résultent de la conversion de la fraction 4/17 en fraction décimale.

$$\frac{\begin{array}{r}4\\ \overline{40}\\ \overline{60}\\ \overline{9}\end{array}}{} \quad : \quad 17 = 0{,}23\ldots$$

L'ordre des autres chiffres est connu : 5294... Par conséquent, 21 fois notre nombre sera 2352941176470588, qui est le même nombre obtenu à partir de la somme des chiffres dans les cercles en fonction de leur emplacement. Évidemment, en faisant la soustraction au lieu de l'addition, il n'est pas possible d'obtenir cette situation.

Il y a plusieurs nombres comme ceux-là. Ils constituent tous une seule famille et ils sont unis par une origine commune qui est la capacité de les transformer d'une simple fraction en une décimale périodique infinie. Mais tous les nombres ayant la période décimale discutée ci-dessus ne donnent pas la propriété remarquable de permutation des chiffres lorsqu'ils sont multipliés. Ce n'est le cas que pour les fractions dans lesquelles le nombre de chiffres de la période est inférieur d'une unité par rapport au dénominateur de la fraction simple correspondante. Les exemples comprennent :

$1/7$	donne une période avec	6 chiffres
$1/17$	« « « « «	16 «
$1/19$	« « « « «	18 «
$1/23$	« « « « «	22 «

Vous pouvez faire quelques tests pour vérifier que les périodes de fractions obtenues à partir de la conversion de 1/19 et 1/23 en fractions décimales, ont les mêmes caractéristiques que celles obtenues avec les périodes des fractions 1/7 et 1/17. Si la condition concernant le nombre de chiffres dans la période n'est pas remplie, alors la période correspondante donne un nombre qui n'appartient pas à notre famille de nombres spéciaux. Par exemple, 1/13 donne une période à six chiffres (au lieu de 12) :

1/13 = 0.076923.

En multipliant par 2, nous obtenons un nombre complètement différent :

2/13 = 0.153846.

Pourquoi ? Parce que les chiffres correspondants au reste de la division 1 : 13 n'en faisaient pas partie des chiffres ci-dessus. Le nombre de chiffres dans le reste était égal au nombre de chiffres dans la période, c'est-à-dire 6.

Nous avons 12 multiplicateurs différents pour la même fraction 1/13, et par conséquent, tous les facteurs ne seront pas parmi les restes (en fait, seuls 6 facteurs seront dans ce cas). Il est facile de voir que ces facteurs sont les suivants : 1, 3, 4, 9, 10 et 12. Les multiplicateurs associés donnent 6 permutations cycliques (e.g., 076923 × 3 = 230 769), mais pas les autres. C'est pourquoi seul un nombre limité de tours dans « l'anneau magique » donne le résultat souhaité et non tous les tours.

Chapitre VII : Des tours sans tricher

L'art du roi Damayanti

Les tours d'arithmétique - des tours honnêtes et intègres - n'essayent pas de tromper l'attention du public. Pour accomplir un tour d'arithmétique, vous n'avez besoin d'aucune dextérité miraculeuse, d'aucune agilité physique étonnante, ou de capacités artistiques qui nécessitent parfois un exercice permanent.

Tout le secret des tours d'arithmétique est d'utiliser les curieuses propriétés et particularités des nombres. Pour ceux qui connaissent la réponse à de tels tours, tout semble simple et naturel, mais pour les personnes qui ne les connaissent pas, une simple opération arithmétique, telle que la multiplication, semble avoir un peu de magie en elle.

Il fut un temps où effectuer les opérations arithmétiques les plus banales sur de grands nombres, qui sont maintenant bien connues de tous les écoliers, était un art que peu de gens pouvaient maîtriser. Ces derniers semblaient posséder des capacités surnaturelles.

Dans l'histoire de « Nala et Damayanti », nous trouvons un écho de cette vision de l'arithmétique. Le roi Rituparna prouva à son disciple Nala sa capacité à compter instantanément le nombre de feuilles sur un arbre couvert d'une canopée épaisse, et accepta de lui montrer le secret de cet art.

Le roi Rituparna et Nala

Le secret de cet art peut s'expliquer comme suit : Compter les feuilles une par une prendrait énormément de temps. Ainsi, au lieu de compter les feuilles, le roi compta les branches, puis multiplia ce nombre par le nombre de feuilles sur une branche (en supposant que des branches de croissance égale contiennent le même nombre de feuilles). L'opération de multiplication était si peu familière aux gens de cette époque qu'elle ressemblait à quelque chose de mystérieusement surnaturel.

La réponse à la plupart des tours arithmétiques est aussi simple que le secret du « tour » du roi Rituparna. Il suffit de connaître la solution d'un tour et d'apprendre l'art de l'utiliser et de la présenter. Au cœur de chaque tour arithmétique se trouvent quelques caractéristiques intéressantes des nombres. Apprendre ces caractéristiques est très instructif en plus d'être divertissant.

Enveloppes scellées

Un magicien sort une pile de 300 billets d'un rouble chacun le long de neuf enveloppes. Il vous demande de répartir l'argent entre les neuf enveloppes, afin qu'il puisse choisir n'importe quel nombre entre 1 et 300 et vous devez le lui fournir en utilisant un sous-ensemble d'enveloppes sans déplacer les billets d'une enveloppe à une autre.

La tâche vous semble complètement décourageante. Vous pensez déjà que le magicien essaiera de vous tromper en utilisant un jeu de mots astucieux ou une interprétation inattendue de la signification des mots. Voyant votre impuissance, il réparti l'argent dans les enveloppes, les scelle et vous propose de sélectionner n'importe quel montant entre 1 et 300 roubles.

Supposons que vous ayez sélectionné le montant 269 au hasard.

Sans le moindre délai, le magicien sélectionne 4 enveloppes scellées. Vous les ouvrez et trouvez :

Dans la	1-E	—	64 roubles
«	2-E	—	45 «
«	3-E	—	128 «
«	4-E	—	32 «
	Total		269 roubles

Maintenant, vous avez tendance à soupçonner un magicien habile qui a l'expérience nécessaire pour remplacer les enveloppes. Il remet calmement l'argent dans les enveloppes et les referme. Vous choisissez un nouveau montant tel que 100, ou 7, ou même 293, et le magicien identifie instantanément les enveloppes à tirer pour atteindre le montant requis (pour 100 roubles, il choisit quatre enveloppes, pour 7 roubles, il choisit quatre enveloppes, et pour 293 roubles, il choisit six enveloppes).

Ce qui précède peut sembler incompréhensible, mais après avoir lu ce paragraphe, vous pourrez répéter le même tour et épater vos amis. Le secret de cette astuce réside dans le fait que les billets sont répartis entre les enveloppes comme suit : 1 rouble, 2 roubles, 4 roubles, 8 roubles, 16 roubles, 32 roubles, 64 rouble, 128 roubles, et enfin, dans le dernier – les roubles restants, c'est-à-dire, 300 - (1 + 2 + 4 +8 + 16 + 32 + 64 + 128) = 300-255 = 45 roubles.

Les huit premières enveloppes permettent facilement de produire n'importe quel nombre entre 1 et 255, mais si on vous propose un plus grand nombre, alors la dernière enveloppe entre en action. Lorsque les 45 roubles sont soustraits du nombre, le résultat peut être construit en utilisant les 8 premières enveloppes.

Vous pouvez vérifier la pertinence d'un tel regroupement à l'aide de nombreux exemples et vous assurer qu'ils peuvent tous être obtenus à l'aide des neuf enveloppes. Mais vous vous demandez probablement pourquoi une série de nombres 1, 2, 4, 8, 16, 32, 64, etc. a une propriété si remarquable. Cela se comprend facilement si vous vous souvenez que les nombres de notre série représentent des puissances de deux : $2^1, 2^2, 2^3, 2^4$, etc.,[1] et par conséquent, chaque nombre peut être considéré comme un niveau dans le système

---

[1] Nous savons en algèbre que le nombre 1 peut être considéré comme une puissance de 2, soit 2^0.

binaire. Puisque chaque nombre peut être écrit dans un système binaire, cela signifie que chaque nombre peut être décomposé en somme de puissances de deux, c'est-à-dire une somme des nombres 1, 2, 4, 8, 16, etc. Ainsi, lorsque vous choisissez les enveloppes, vous exprimez simplement le nombre spécifié dans le système binaire. Par exemple, le nombre 100 peut être facilement décomposé dans le système binaire comme suit :

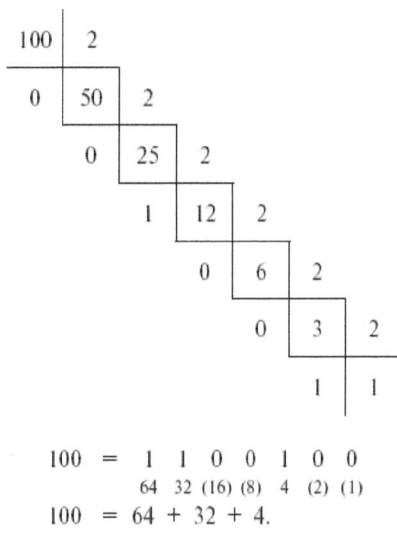

(Rappelez-vous que dans le système binaire, le premier placement à droite contient les unités, le deuxième placement contient les deux, le troisième placement les quatre, etc.)

Prédire le nombre d'allumettes dans une boîte

La même propriété du système binaire peut être utilisée pour le tour de magie suivant : Proposez à quelqu'un de vous prêter une boîte d'allumettes complète. Posez-là sur la table, et à son côté, placez l'un après l'autre, huit carrés de papier organisés en deux rangées verticales. Puis demandez-lui, en votre absence, de faire l'opération suivante : Laissez la moitié des allumettes dans la boîte, et déplacez l'autre moitié sur le carré de papier le plus proche à droite, si le nombre d'allumettes est impair, placez l'allumette en trop sur le carré de papier à gauche du premier.

Maintenant, divisez les allumettes qui sont sur le premier carré de papier en deux moitiés (sans toucher l'allumette à côté d'elles sur la gauche le cas échéant). Remettez la première moitié des allumettes dans la boîte et déplacez l'autre moitié vers le carré suivant. Dans le cas où le nombre des allumettes est impair, déplacez l'allumette restante vers le carré de papier correspondant à gauche. Répétez le même processus en n'oubliant pas dans le cas des nombres impairs de mettre une allumette sur le carré de papier correspondant à gauche. À la fin, toutes les allumettes sauf celles qui se trouvent sur les carrés de gauche sont remises dans la boîte.

Lorsque ce processus est terminé et que vous êtes de retour dans la salle, jetez un coup d'œil sur la feuille de papier presque vide et calculez le nombre initial d'allumettes dans la boîte.

Ce tour étonne généralement les non-initiés qui ne peuvent pas comprendre comment il est possible de deviner le nombre d'allumettes dans la boîte à l'aide d'un morceau de papier presque vide.

En fait, le papier « vide » est très éloquent dans ce cas : Combiné avec les allumettes restantes, vous pouvez littéralement lire dessus le nombre recherché. Il peut être vu comme un nombre écrit dans le système binaire. Expliquons cela avec un exemple : Supposons que le nombre d'allumettes dans la boîte soit 66. Les opérations séquentielles qui sont effectuées sur ces allumettes conduisent au papier qui est représenté sur les deux figures suivantes :

Chapitre VII : Des tours sans tricher

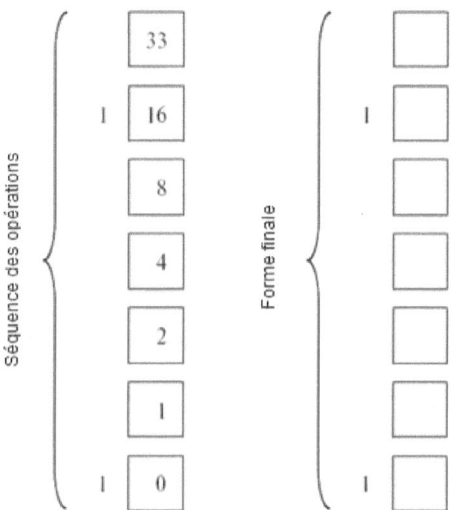

Vous n'avez pas besoin de trop réfléchir pour réaliser que ce qui a été accompli revient à exprimer le nombre original dans le système binaire. La figure ci-dessus à droite représente le nombre binaire résultant. S'il y a une zone vide à gauche, cela signifie 0 dans le système binaire, s'il y a une marque indiquant une allumette à gauche, cela signifie un 1. En lisant du bas vers le haut de la figure, on obtient :

$$
\begin{array}{ccccccc}
1 & 0 & 0 & 0 & 0 & 1 & 0 \\
64 & (32) & (16) & (8) & (4) & 2 & (1)
\end{array}
$$

Soit 64 + 2 = 66 dans le système décimal.

Si la boîte d'allumettes contenait 57 allumettes, nous aurions obtenu la figure suivante, c'est-à-dire le numéro 57 écrit dans le système binaire :

$$
\begin{array}{cccccc}
1 & 1 & 1 & 0 & 0 & 1 \\
32 & 16 & 8 & (4) & (2) & 1
\end{array}
$$

Nous pouvons vérifier le résultat dans le système décimal comme suit : 32 + 16 + 8 + 1 = 57.

Comme variante, vous pourriez également utiliser deux boîtes d'allumettes ou plus et deviner les nombres d'allumettes qu'elles contiennent.

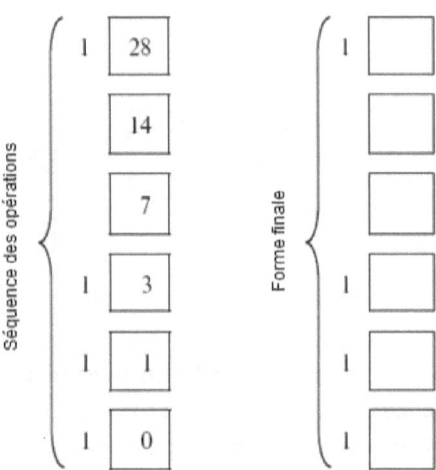

Lecture de pensées sur des allumettes

La troisième variante du même tour permet de trouver un nombre à partir d'une représentation utilisant des allumettes. D'abord, vous choisissez un nombre, puis vous le divisez par 2, si le nombre résultant est pair, vous placez une allumette horizontalement, puis divisez à nouveau le résultat par 2 et recommencez. Si le nombre obtenu est impair, vous placez une allumette verticalement, soustrayez 1, puis recommencez. À la fin de toutes les opérations, vous obtenez la représentation suivante :

Chapitre VII : Des tours sans tricher

Vous observez cette représentation et identifiez indubitablement le nombre 137. Comment faites-vous ? La réponse devient claire si vous dénotez systématiquement près de chaque allumette le nombre obtenu à partir de la division :

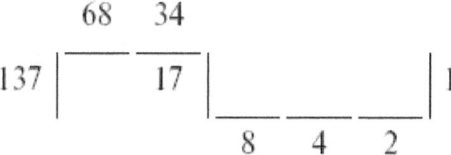

Puisque la dernière allumette représente le numéro 1, il n'est pas difficile, en passant de là aux divisions précédentes, d'obtenir le nombre d'origine. Par exemple, dans la figure suivante, vous pouvez identifier le nombre 664.

En fait, en doublant systématiquement le nombre (en partant du côté droit) et en n'oubliant pas d'ajouter une unité aux moments appropriés, on obtient :

| = 1
— = 2
| = 5
— = 10
— = 20
| = 41
| = 83
— = 166
— = 332
— = 664

Ainsi, en utilisant des allumettes, vous retracez le cours de la pensée des autres, reconstruisant toute leur chaîne de raisonnement.

Le même résultat peut être obtenu en utilisant une autre approche : en comprenant qu'une allumette horizontale correspond à un zéro binaire (division par 2 sans reste), et qu'une allumette verticale correspond à un un binaire, vous découvrez que dans l'exemple ci-dessus, vous êtes en fait en train de lire (de droite à gauche) la représentation binaire du nombre suivant :

$$1 \quad 0 \quad 0 \quad 0\,1\,0 \quad 0\,1$$
$$128\ (64)\ (32)\ (16)\ 8\ (4)\ (2)\ 1$$

ce qui conduit au nombre suivant dans le système décimal :
$$128 + 8 + 1 = 137.$$

Dans le deuxième exemple, le nombre souhaité est représenté dans le système binaire comme suit :

$$1 \quad 0 \quad 1 \quad 0 \quad 0 \quad 1\,1\,0\,0\,0$$
$$512\ (256)\ 128\ (64)\ (32)\ 16\ 8\ (4)\ (2)\ 1$$

Qui peut s'écrire dans le système décimal comme suit : $512 + 128 + 16 + 8 + 1 = 664$.

Autre exemple : Quel nombre pouvez-vous identifier à partir de la représentation suivante réalisée en allumettes ?

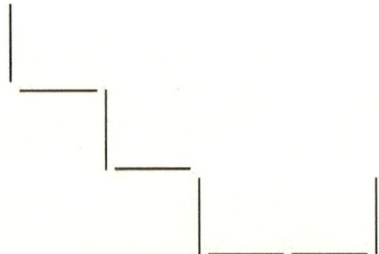

Réponse : La figure illustre 10010101 dans le système binaire. La représentation décimale de ce nombre est :

$$128 + 16 + 4 + 1 = 139.$$

Il convient de noter que parce que la première allumette est une allumette verticale, le nombre est impair dans le système décimal.

Des poids idéaux

Certains lecteurs peuvent probablement se poser la question suivante : Pourquoi avons-nous considéré le système binaire dans les problèmes ci-dessus ? Après tout, chaque nombre peut être représenté dans n'importe quel système, et parmi eux, le système décimal. Pourquoi le système binaire peut-il être parfois préféré ?

Eh bien, dans le système binaire, si nous mettons le zéro de côté, un seul chiffre est utilisé est un un, et par conséquent, pour chaque chiffre dans chaque position, nous n'avons que deux possibilités (un ou zéro). Si dans le jeu des enveloppes, on distribuait l'argent, par exemple, dans le système de base 5, il serait possible de construire n'importe quel montant sans ouvrir les enveloppes, uniquement lorsque chaque enveloppe est répété au moins 4 fois (la base 5 n'utilise que 4 chiffres, zéro de côté).

Cependant, il y a des moments où il est plus pratique d'utiliser les systèmes binaires ou ternaires dans une version quelque peu modifiée. Cela inclut le fameux vieux « problème d'un système de poids », qui peut servir pour formuler un problème arithmétique.

Imaginez qu'on vous demande de proposer un système de quatre poids, avec lequel il serait possible de peser n'importe quel nombre entier de kilogrammes de 1 à 40. Avec un système binaire, vous auriez : 1 kilo, 2 kilos, 4 kilos, 8 kilos, 16 kilos. Avec ces poids, vous pouvez mesurer n'importe quel poids de 1 à 31 kilos. Cela ne répond évidemment pas aux conditions du problème : Premièrement, le nombre de poids est de 5 et non de 4. De plus, le nombre de poids possibles est de 31 et non de 40. Par contre, vous n'avez pas utilisé toutes les possibilités permises par les poids ici.

En effet, il est non seulement possible d'additionner les poids, il est également possible de les soustraire (lorsqu'ils sont placés sur le plateau opposé de la balance). Cela vous permettra tellement de combinaisons différentes que vous serez simplement perdu dans votre quête pour les intégrer dans un système numérique. Vous pouvez même douter que ce problème ait une solution lorsque l'on considère un nombre de poids aussi bas que quatre. Mais une recherche ardue vous permettrait de trouver les quatre poids magiques suivants :

1 kilo, 3 kilos, 9 kilos, 27 kilos.

Tout poids entre 1 et 40 kilos avec un nombre entier de kilos peut être pesé avec ces poids s'ils sont placés correctement sur les bons plateaux. Nous ne prendrons même pas la peine de donner des exemples, car pour chaque poids donné, il serait très facile de trouver la solution. Mais comprenons mieux pourquoi ces quatre poids ont cette merveilleuse propriété. Un lecteur attentif aurait probablement remarqué que les nombres associés à ces poids sont des séries de puissances de 3.[1]

$3^0, 3^1, 3^2, 3^3$.

En d'autres termes, nous utilisons ici l'aide d'une notation ternaire. Mais comment l'utiliser dans les cas où le poids souhaité est obtenu comme la différence entre deux poids ? Et comment avoir toutes les valeurs possibles comme les doubles (dans le système ternaire, en plus du zéro, il n'y a que deux chiffres : 1 et 2) ? La réponse à ces deux questions est obtenue par l'utilisation de nombres « négatifs ». Par exemple, au lieu d'utiliser le chiffre 2, il est possible d'utiliser 3 - 1, c'est-à-dire une unité de chiffre supérieur duquel on a soustrait un chiffre inférieur. Par exemple, le nombre 2 dans notre système ternaire modifié ne sera pas représenté par un 2, mais sera plutôt conçu comme $1\bar{1}$ où le signe moins au-dessus du chiffre des unités indiquait que le nombre d'unités associé est soustrait au lieu d'être additionné.

---

[1] L'unité dans ce système peut être considérée comme 3 à la puissance 0 (en général la base du système à la puissance 0).

De même, la représentation du numéro 5 dans ce système ternaire modifié n'est pas 12 mais $1\bar{1}\bar{1}$ (i.e. 9 - 3 - 1 = 5). Les dix premiers nombres sont ainsi représentés dans ce système ternaire modifié :

1	2	3	4	5	6	7	8	9	10
1	$1\bar{1}$	10	11	$1\bar{1}\bar{1}$	$1\bar{1}0$	$1\bar{1}1$	$10\bar{1}$	100	101

Il est maintenant clair que si un nombre quelconque peut être représenté dans ce système ternaire étendu en utilisant des zéros (c'est-à-dire l'absence d'un chiffre) et des unités qui y sont ajoutées ou soustraites, alors les chiffres 1, 3, 9, 27 peuvent être utilisés, par addition et soustraction, pour obtenir tous les nombres compris entre 1 et 40. Les cas d'additions sont obtenus en plaçant les poids sur le plateau de la balance opposé à celui de la charge. Les cas de soustraction sont obtenus en plaçant les poids sur le même plateau de la balance que la charge, et par conséquent la quantité associée est soustraite de la quantité de poids sur le plateau opposé. Zéro correspond à l'absence de poids.

Ce système est-il utilisé dans la pratique ? Autant que nous sachions, non. Partout dans le monde, où le système métrique a été introduit, nous pesons les objets en utilisant 1, 2, 2, 5 unités au lieu de 1, 3, 9, 27 - bien que le premier ne puisse peser que des charges jusqu'à 10 kilogrammes, et le second jusqu'à 40. Même là où le système métrique n'a pas été introduit et n'est pas utilisé, l'ensemble de 1, 3, 9, 27 n'est pas utilisé. La raison de ne pas utiliser ces poids dans la pratique réside dans le fait qu'ils ne sont bons que sur le papier. Ils sont très gênants à utiliser en réalité.

S'il était nécessaire d'utiliser un nombre prédéterminé de poids pour peser une charge donnée (par exemple, 400 g de grains ou 2500 g de sucre), alors un système de poids construit avec 100, 300, 900, 2700 g aurait une utilisation pratique (bien que la recherche des combinaisons appropriées puisse prendre beaucoup de temps). Mais quand il faut ajouter des quantités différentes pour obtenir le poids de la charge, un tel système est terriblement gênant : Il est souvent préférable, dans un souci de simplification des additions, d'avoir des poids supplémentaires qui ne sont que les sommes des unités ci-dessus.

Prédire un nombre non écrit

Nous sommes frappés par la capacité de certaines personnes à additionner des numéros à plusieurs chiffres avec une rapidité extraordinaire. Mais qu'en est-il d'une personne qui peut noter la somme avant même d'avoir entendu les termes ? Ce tour est généralement effectué de la manière suivante :

Le « magicien » vous propose d'écrire un nombre à plusieurs chiffres de votre choix. Jetant un coup d'œil à ce premier terme, le « magicien » écrit sur papier une somme future et la cache dans votre poche. Il vous demandera (ou à quelqu'un du public) d'écrire un autre terme - encore une fois, un nombre de votre choix. Et puis il écrit rapidement un troisième terme. Vous additionnez les trois termes - et obtenez exactement le résultat qui a été précédemment écrit par le « magicien » sur le morceau de papier et caché dans votre poche. Par exemple, si vous avez noté 83267 comme premier nombre, le « magicien » écrit la future somme 183266. Ensuite, vous écrivez, disons, 27935, et le « magicien » ajoute immédiatement le troisième terme – 72064 :

```
  I  . . . . . . . . Vous :      83267
 III  . . . . . . . . Vous :      27935
 IV  . . . . . Devineur :      72064
  II . . . . . . . Somme :    183266
```

Le « magicien » a pu trouver immédiatement le troisième terme qui a conduit au résultat final dès qu'il a su le deuxième terme (et sans le connaitre au préalable). Cette astuce fonctionne également avec 5 ou 7 termes, mais dans ce cas, le « magicien » écrira deux ou trois des termes. Ici, la substitution du papier contenant le résultat final (comme vous vous en doutez) n'est pas possible, car celui-ci est conservé dans votre poche jusqu'au dernier moment. Evidemment, le « magicien » utilise ici une propriété inconnue des nombres.

Cette propriété est expliquée ici : Le « magicien » utilise le fait que l'ajout, par exemple, d'un nombre à 5 chiffres à un nombre composé de cinq neuf (99999), revient à additionner (1000000 − 1) au premier nombre, c'est-à-dire qu'un chiffre d'une unité est ajouté sur son côté gauche et une unité est soustraite de son côté droit. Par exemple :

$$\begin{array}{r} 83267 \\ + \ 99999 \\ \hline 183266 \end{array}.$$

C'est ce résultat - c'est-à-dire la somme du nombre que vous avez écrit et 99999 - qui est écrit sur le morceau de papier car ce sera le résultat final de l'addition des trois termes. Maintenant, pour atteindre ce nombre, il lui suffit d'ajouter à votre deuxième terme le nombre nécessaire (sous la forme du troisième terme) pour obtenir 99999, c'est-à-dire soustraire de 9 chacun des chiffres de votre deuxième terme et noter le résultat. En appliquant cette technique, vous pouvez facilement trouver le troisième terme dans l'exemple ci-dessus ainsi que dans les exemples suivants :

I	Vous :	379264	I	Vous :	9935
III	Vous :	4873	III	Vous :	5669
IV	Devineur :	995126	IV	Devineur :	4330
II	Somme :	1379263	II	Somme :	19934

Vous pouvez facilement remarquer que vous pouvez sérieusement gêner le « magicien » si le deuxième terme contient plus de chiffres que le premier. Dans ce cas, le « magicien » ne peut pas écrire un troisième terme qui, ajouté au second, conduirait à un nombre plus petit (c'est-à-dire 99999). Afin d'éviter cette situation, le « magicien » restreint généralement votre liberté de choix, de sorte que le deuxième nombre contienne un nombre de chiffres inférieur ou égal au premier.

Cette astuce devient impressionnante lorsqu'elle implique plusieurs personnes. Considérons le cas de 5 termes. Après le premier terme - par exemple, 437692, le « magicien » prédit déjà la somme des cinq nombres, à savoir 2437690 et l'enregistre (ici, il a ajouté deux fois 999999, soit 2000000 - 2). La résolution est clairement expliquée dans la figure suivante :

```
I. . . . . . . . . . . . . . . vous avez écrit :     437692
III. . . . .   La deuxième personne a écrit :   822531
V. . . . . .  La troisième personne a écrit :   263009
IV . . . . . . . . . .  Le devineur a ajouté :   177468
VI. . . . . . . . . . . . . . «        «           736990
II. . . . . . . . . . . . . «        a prédit :  2437690
```

Prédire l'issue d'un certain nombre d'opérations

D'énormes impressions peuvent être faites en utilisant des tours arithmétiques dans lesquelles le « magicien » devine le résultat d'un ensemble d'opérations sans connaître les nombres d'origine. Il existe de nombreux tours de ce type, et ils sont tous basés sur la capacité de proposer un certain nombre d'opérations arithmétiques, dont le résultat ne dépend pas du nombre d'origine.

Voici un exemple de tels tours :

Le critère de divisibilité par 9 est bien connu de tous : Un nombre est un multiple de 9 si la somme de ses chiffres est divisible par 9. En se souvenant de cette règle, on peut formuler la proposition intéressante suivante : En soustrayant la somme des chiffres d'un nombre de ce dernier, on obtient un multiple de 9. Par exemple : 457 - (4 + 5 + 7) = 441 est un multiple de 9. De même, la différence entre deux nombres contenant les mêmes chiffres est divisible par 9. Par exemple 7843 - 4738 = 3105, un multiple de 9.

Vous pouvez utiliser la proposition précédente pour créer un tour très simple. Invitez un ami à réfléchir à un nombre, à n'importe quel nombre, puis demandez-lui de réorganiser les chiffres dans l'ordre qu'il veut, puis demandez-lui de soustraire le plus petit nombre du plus grand. Dans la différence qui en résulte, demandez-lui de cacher l'un des chiffres, n'importe quel chiffre, et de vous dire à haute voix le reste des chiffres. Puisque vous savez que le résultat est divisible par 9, vous pouvez rapidement déduire mentalement le chiffre manquant car vous pouvez simplement additionner les chiffres lus à voix haute par votre ami. Par exemple : Votre ami pense au numéro 57924. 92457 est obtenu après réarrangement.

Chapitre VII : Des tours sans tricher

$$\begin{array}{r} 92457 \\ - 57924 \\ \hline 3?533 \end{array}$$

Votre ami a caché un chiffre de la différence (indiqué par un point d'interrogation). En additionnant les chiffres restants 3 + 5 + 3 + 3, nous obtenons 14. Il n'est pas difficile de comprendre que le chiffre barré était 4 parce que le multiple suivant de 9 est 18 et 18 - 4 = 14.

Ce même tour peut être effectué beaucoup plus efficacement, en devinant le nombre entier, et sans faire de calculs mentaux. Pour ce faire, le moyen le plus simple est de proposer à votre ami de penser à un nombre à trois chiffres avec des chiffres inégaux, puis, de réorganiser les chiffres dans l'ordre inverse, soustrayez le plus petit nombre du plus grand. Dans le nombre résultant, laissez-le réorganiser les chiffres à nouveau et ajouter les deux nombres. Le résultat final de toutes ces opérations (une permutation, une soustraction, une permutation, puis une addition) vous sera connu sans le moindre calcul. Vous pouvez même lui donner à l'avance le résultat dans une enveloppe scellée.

Le secret de ce tour est très simple : quel que soit le nombre défini initialement, ces actions mènent toujours au même nombre : 1089. Voici quelques exemples :

$$\begin{array}{r} 762 \\ - 267 \\ \hline 495 \\ + 594 \\ \hline 1089 \end{array} \qquad \begin{array}{r} 431 \\ - 134 \\ \hline 297 \\ + 792 \\ \hline 1089 \end{array} \qquad \begin{array}{r} 982 \\ - 289 \\ \hline 693 \\ + 396 \\ \hline 1089 \end{array} \qquad \begin{array}{r} 291 \\ - 192 \\ \hline 099 \\ + 990 \\ \hline 1089 \end{array}$$

(Le dernier exemple montre comment votre ami doit agir lorsque la différence qui en résulte est un nombre à deux chiffres au lieu d'un nombre à trois chiffres.)

En observant de plus près le processus des calculs ci-dessus, vous comprenez sans doute la raison de cette uniformité des résultats. En soustrayant, il faut forcément obtenir un chiffre 9 à la position des dizaines et autour de ce chiffre, deux chiffres (de chaque côté) dont la somme est égale à 9. Dans l'addition suivante, il est clair que le chiffre 9 doit être obtenu du côté droit. De plus, dans la position des dizaines, nous aurons le chiffre 8 à la suite de l'addition 9 + 9. En gardant à l'esprit la centaine supplémentaire qui en résulte combinée avec un 9 qui résulte de l'addition des chiffres à la position des centaines, nous obtenons un 10. D'où - 1089.

Si vous répétez cette expérience plusieurs fois de suite sans y apporter de modifications, votre secret sera bien sûr découvert : Votre public pensera que le même nombre 1089 se révélera constamment, même s'il ne se rendra peut-être pas compte de la raison d'une telle constance. Vous devez donc modifier le tour. Rendez-le facile, puisque $1089 = 33 \times 33 = 11 \times 11 \times 3 \times 3 = 9 \times 121 = 99 \times 11$. Il suffit, lorsque vous atteignez le nombre 1089, de diviser le résultat par 33, ou 11 ou 121, ou 99, ou 9 - et ensuite seulement divulguer le résultat. Vous avez donc 5 variations supplémentaires à ce tour - sans parler du fait que vous pouvez également demander au public de multiplier le résultat, en effectuant mentalement la même opération.

Division instantanée

Il existe plusieurs variations de ce type de tours. Nous décrivons une ici. Le tour est basé sur la propriété familière suivante : Quand on multiplie un nombre par un nombre ayant le même nombre de chiffres et composé d'une série de neufs, on obtient un résultat composé de deux moitiés : la première moitié représente le nombre d'origine moins un, la seconde représente le résultat de la soustraction de la première moitié du nombre composés de neufs. Par exemple : $247 \times 999 = 246753$, $1372 \times 9999 = 13718628$, etc.

L'explication de cette propriété est facile à voir à partir de la ligne suivante :

$$247 \times 999 = 247 \times (1000 - 1) = 247\,000 - 247 = 246\,999 - 246.$$

En utilisant cette propriété, vous pouvez offrir à un groupe de personnes une compétition où vous et eux devraient calculer

Chapitre VII : Des tours sans tricher

les résultats d'un ensemble de divisions : (a) 68933106 : 6894, (b) 8765112348 : 87652, (c) 543456 : 544, (d) 12948705 : 1295, etc. Avant même qu'ils ne puissent prendre le départ de cette compétition, vous pourriez leur présenter les résultats : (a) 9999, (b) 99999, (c) 999, (d) 9999, etc.

Mon chiffre préféré

Demandez à quelqu'un de nommer son chiffre préféré. Disons qu'il a sélectionné 6.

- C'est incroyable! - Vous vous exclamez. - C'est juste le plus merveilleux de tous les chiffres.

- Pourquoi ça ? - Votre interlocuteur perplexe demanderait.

- Voici un exemple : Multipliez votre chiffre préféré (6) par 9, puis multipliez le nombre résultant (54) par le facteur 12345679 :

$$\begin{array}{r} 12345679 \\ \times \quad 54 \\ \hline \end{array}$$

Quel serait le résultat de cette multiplication ? Votre ami effectue la multiplication - et obtient un résultat étonnant, composé entièrement de son chiffre préféré :

6666666666

- Vous voyez que vous avez réussi à multiplier votre chiffre préféré. Quelle magnifique propriété !

Mais vous aurez la même propriété si votre ami avait sélectionné un autre des neuf chiffres, car chacun d'eux a cette même propriété :

```
  12345679         12345679         12345679
×  4 × 9         ×  7 × 9         ×  9 × 9
──────────       ──────────       ──────────
4444444444       777777777        999999999
```

Pour comprendre le secret de cette propriété, il suffit de se rappeler de ce que nous avons dit à propos du nombre 12345679 dans le « Musée des curiosités numériques ».

Deviner un anniversaire

Voici un exemple de tours pouvant être utilisés de différentes manières. La description du mécanisme derrière le tour est assez complexe, cependant, celui-ci produit des résultats spectaculaires.

Supposons que vous soyez né le 18 mai 1903 et que vous avez 20 ans maintenant. Supposons que je ne connaisse ni votre date de naissance ni votre âge. Néanmoins, j'ose deviner les deux, en vous obligeant à ne faire qu'un certain nombre de calculs. À savoir : je vais vous demander de multiplier le numéro du mois (mai, 5 mois) par 100, puis d'ajouter au produit, le jour du mois (18), doubler le montant, ajouter 8, multiplier le résultat obtenu par 5, ajoutez 4 au produit, multipliez le résultat par 10 et ajoutez 4 au nombre résultant, et enfin ajoutez votre âge (20) au résultat.

Lorsque vous avez terminé avec tous ces calculs, dites-moi le résultat final des calculs. Je soustrais 444 de ce dernier. Le nombre résultant me permet de deviner votre anniversaire comme suit : De droite à gauche, les 2 chiffres successifs obtenus représentent respectivement votre âge, le jour et le mois de votre naissance. Faisons ces calculs :

$$5 \times 100 = 500$$
$$500 + 18 = 518$$
$$518 \times 2 = 1036$$
$$1036 + 8 = 1044$$
$$1044 \times 5 = 5220$$
$$5220 + 4 = 5224$$

$$5224 \times 10 = 52240$$
$$52240 + 4 = 52244$$
$$52244 + 20 = 52264$$

En effectuant la soustraction 52264 - 444, nous obtenons le nombre 51820. Divisons maintenant ce nombre de droite à gauche en prenant deux chiffres à la fois. Nous avons : 5-18-20, c'est-à-dire votre âge (20 ans), votre jour de naissance (18) et votre mois de naissance (le 5ème mois, mai).

Le secret de ce tour peut être facilement compris en considérant l'équation suivante :

$$\{[(100m+t)\times 2 + 8]\times 5 + 4\}\times 10 + 4 + n - 444 = 10000m + 100t + n.$$

Ici, la lettre m désigne le mois, t - le nombre de jours, n - l'âge. Le côté gauche de l'équation exprime toutes les opérations que vous avez systématiquement effectuées, et le côté droit exprime ce qui se passe si vous ouvrez les parenthèses et que vous effectuez toutes les simplifications.

Dans les termes de 10000m + 100t + n, les nombres m, t et n ne peuvent contenir plus de deux chiffres, donc le nombre obtenu en conséquence devrait toujours, lorsque sa représentation est divisée en trois parties contenant chacune deux chiffres, donner les nombres requis (m, t et n). S'il le souhaite, le lecteur peut proposer d'autres variations à ce tour, c'est-à-dire d'autres combinaisons d'opérations qui conduiraient à des résultats similaires.

L'une des « actions consolantes » de Magnitsky

Dans cette section, nous dévoilerons le secret d'un autre tour simple. Celui-ci est décrit en détail dans « Arithmétique » de Magnitsky, dans un chapitre intitulé « Actions consolantes par l'utilisation d'opérations arithmétiques ».

Ce tour permet à quelqu'un de deviner un nombre en relation avec l'argent, les jours, les heures ou « tout ce qui peut être compté ». Prenons l'exemple d'une bague portée au niveau de la 2ème articulation du petit doigt (c'est-à-dire le 5ème doigt) par la 4ème personne dans un groupe de 8 personnes. Le devineur doit trouver laquelle des huit personnes (numérotées de 1 à 8) a la bague, et sur quel doigt et quelle articulation celle-ci est portée.

« Il dira : Veuillez prendre le numéro de la personne qui a la bague. Doublez ce nombre. Puis au nombre résultant additionnez 5. Puis multipliez le résultat par 5 et ajoutez au résultat le numéro du doigt où la bague est portée. Multipliez le résultat par 10 et ajoutez le nombre d'articulation où la bague est portée, puis indiquez-moi le nombre résultant.

```
   4  personnes
   2  multiplication
  ──
   8
   5  addition
  ──
  13
   5  multiplication
  ──
  65
   5  addition d'un doigt
  ──
  70
  10  multiplication
  ──
 700
   2  addition d'un joint
  ──
 702
 250  soustraction
  ──
 452
```

Le groupe de personnes s'est réuni sans le devineur, a exécuté les instructions et a calculé le nombre résultant : 702. Ensuite, il a communiqué ce nombre au devineur. Il en a soustrait 250 et a obtenu le résultat 452, c'est-à-dire la 4ème personne, la 2ème articulation du 5ème doigt. »

Ne soyez pas surpris que ce tour arithmétique soit connu il y a 200 ans : Le problème est assez similaire à ceux déjà inclus dans les premiers recueils des divertissements mathématiques compilés par le mathématicien français Bachet de Méziriac dans son livre de 1612 « Problèmes numériques plaisants et délectables ». En règle générale, il faut noter que les jeux mathématiques, les énigmes et tours qui prévalent à notre époque ont une origine très ancienne.

Chapitre VIII : Calculs rapides et calendrier perpétuel

Vous avez probablement entendu ou même assisté à des séances de mathématiques où de « brillants mathématiciens » calculent mentalement à une vitesse extrême le nombre de semaines, de jours, de minutes, ou de secondes qui se sont écoulés depuis votre naissance, ou déterminent le jour de la semaine correspondant à votre date de naissance, voire quel jour de la semaine sera une date donnée dans le future, etc. Cependant, pour effectuer la plupart de ces calculs, il n'est pas nécessaire d'avoir des aptitudes mathématiques extraordinaires. Après un court exercice, nous pouvons tous développer de telles aptitudes. Il suffit de connaître les secrets de ces tours de magie. Nous allons maintenant présenter ceux-ci.

« Combien de semaines est mon âge? »

Pour déterminer rapidement le nombre de semaines dans un nombre d'années donné, il suffit de multiplier le nombre d'années par 52, c'est-à-dire par le nombre de semaines dans une année.

Supposons que le nombre d'années soit 36. En multipliant 36 par 52, vous pouvez immédiatement dire le résultat (1872) sans calculs lourds. Comment avons-nous fait cela ? Tout simplement : 52 se compose de 50 plus 2, 36 multiplié par 5, par bissection, donne 180, ainsi nous savons que les deux premiers chiffres à gauche du résultat sont 18; une nouvelle multiplication de 36 par 2 donne 72; d'où le résultat final : 1872.

Il est facile de comprendre le résultat. Multiplier par 52 équivaut à multiplier par 50 et 2, mais au lieu de multiplier par 50, nous avons multiplié par 100 et pris la moitié - mais comme le nombre d'origine (36) est pair, le résultat aura toujours deux zéros à droite. Il suffit donc de remplacer ces deux zéros par les deux chiffres résultant de la multiplication de 36 par 2.

Maintenant, il est possible de comprendre pourquoi le calcul a été « brillant » et la réponse a été très rapide. Cependant, il ne faut pas oublier que le nombre de jours dans une année est de 365 jours, soit 52 semaines et 1 jour. Par conséquent, tous les 7 ans, vous devez ajouter une semaine supplémentaire au résultat.[1]

« Combien de jours est mon âge ? »

Si vous ne connaissez pas le nombre de jours dans un nombre d'années donné, recourez à la solution suivante : Prenez la moitié du nombre d'années, multipliez le par 73 et ajoutez un zéro à droite - le résultat est le nombre de jours souhaité (cette formule devient claire si l'on note que 730 = 365 × 2). Si j'ai 24 ans, le nombre de jours s'obtient en multipliant 12 × 73 = 876 et en ajoutant un zéro à droite - 8760. La multiplication par 73 peut aussi se faire de manière abrégée, comme nous le verrons plus loin.

Le résultat ci-dessus doit être modifié de quelques jours en raison des années bissextiles. Pour cela, il faut ajouter au résultat un quart du nombre d'années (dans notre exemple, 24 : 4 = 6 ; le résultat final est donc 8766).

« Combien de secondes est mon âge ? »

Cette question[2] peut également être résolue assez rapidement en utilisant la méthode suivante : calculer la moitié du nombre d'années, puis multiplier le résultat par 63, puis multiplier la même moitié par 72, mettre le résultat de ce second calcul à côté du premier et ajouter au résultat trois zéros à droite. Si, par exemple, vous avez 24 ans, pour déterminer le nombre de secondes, vous pouvez procéder comme suit :

63 × 12 = 756 et 72 × 12 = 864, d'où le résultat : 756 864 000.

La méthode décrite ci-dessus est simplifiée au maximum et est par conséquent très rapide. Il est conseillé au lecteur de faire le même calcul en utilisant la méthode ordinaire classique, pour comprendre le gain de temps énorme obtenu grâce à l'utilisation de la méthode ci-dessus.

---

[1] Il est facile de calculer le nombre d'années bissextiles et de corriger le résultat final pour celles-ci.
[2] Le lecteur peut concevoir une technique pour le calcul du nombre de minutes dans un âge, en utilisant les mêmes approches décrites dans ce chapitre.

Comme pour les calculs des jours et des semaines ci-dessus, les années bissextiles ne sont pas prises en compte. Négliger les jours additionnels liés aux années bissextiles n'est pas significatif car nous avons affaire à des nombres égaux à des centaines de millions.

La vérification de l'exactitude de notre formule est très simple. Pour déterminer le nombre de secondes dans un nombre d'années donné, vous devez trouver le nombre de secondes dans une année, c'est-à-dire 365 x 24 x 60 x 60 = 31536000. Le nombre 31536 est une somme importante qui peut être divisé en deux termes (31500 et 36). Ainsi, au lieu de multiplier le nombre d'années (24 ans) par 31536, nous pouvons le multiplier par 31500 et le multiplier par 36. Mais pour compléter ces deux multiplications, nous pouvons les simplifier davantage pour plus de commodité, comme illustré dans les formules suivantes :

$$24 \times 31536 = \begin{cases} 24 \times 31500 = 12 \times 63000 = 756000 \\ 24 \times 36 = 12 \times 72 = 864 \end{cases}$$
$$756864$$

Il reste donc à noter trois zéros à droite pour obtenir le nombre de secondes.

Techniques de multiplication rapide

Nous avons mentionné précédemment que pour effectuer des multiplications complexes, il est possible de les décomposer en plusieurs opérations individuelles plus faciles. Mais il existe également d'autres techniques qui peuvent être utilisées pour atteindre le même objectif et il est conseillé de les retenir afin qu'elles puissent être utilisées dans la résolution de calculs conventionnels. Par exemple, une technique, appelée multiplication croisée, est très pratique lorsque l'on considère la multiplication de nombres à deux chiffres. Cette technique remonte aux Grecs et aux Hindous dans les temps anciens. Ils l'appelaient la : « technique éclair » ou « multiplication croisée ».

Chapitre VIII : Calculs rapides et calendrier perpétuel

Supposons que nous voulons effectuer la multiplication suivante : 24 × 32. Nous pouvons organiser mentalement les chiffres comme suit, l'un en dessous de l'autre :

$$\begin{array}{cc} 2 & 4 \\ | \times | \\ 3 & 2 \end{array}$$

Maintenant, nous effectuons les opérations suivantes :

(1) 4 × 2 = 8 - c'est le dernier chiffre du résultat.

(2) 2 × 2 = 4, 4 × 3 = 12, 4 + 12 = 16, 6 - l'avant-dernier chiffre du résultat, un à retenir.

(3) 2 × 3 = 6, en ajoutant l'unité retenue de l'opération précédente, nous avons 7 - c'est le premier chiffre du résultat.

Tous les chiffres sont maintenant connus : 7, 6, 8 - 768.

Après une brève surprise, cet exercice est très facile à digérer.

Une autre technique, consistant en l'utilisation de soi-disant compléments, est commodément utilisée dans les cas où les nombres multipliés sont proches de 100. Supposons que l'on veuille effectuer la multiplication suivante : 92 × 96. Le « complément » de 92 pour atteindre 100 est de 8 et le « complément » de 96 est 4. Les actions requises dans cette technique sont décrites comme suit :

(1) Les deux premiers chiffres à droite sont obtenus en multipliant les deux compléments.

(2) Les deux chiffres suivants sont obtenus en soustrayant simplement le complément de l'autre terme, c'est-à-dire en soustrayant 4 de 92 et 8 de 96. Dans les deux cas, nous avons 88.

(3) Par conséquent, le résultat est 8832.

Que le résultat est correct peut être clairement vu à partir des transformations suivantes :

$$92 \times 96 = \begin{cases} 88 \times 96 = 88(100-4) = 88 \times 100 - 88 \times 4 \\ 4 \times 96 = 4(88+8) = 4 \times 8 + 88 \times 4 \end{cases}$$
$$\overline{92 \times 96} \qquad = \qquad \overline{8832 \quad + 0}$$

Il existe également une technique de multiplication rapide des nombres à trois chiffres. Elle permet également de gagner beaucoup de temps, mais son utilisation est plus difficile et demande un effort mental car il faut garder à l'esprit quelques nombres en même temps.

Quel jour de la semaine ?

Nous allons maintenant analyser la capacité de déterminer rapidement le jour de la semaine pour une date donnée (par exemple, le 17 janvier 1893, le 4 septembre 1943, etc.) en utilisant des propriétés intéressantes dans notre calendrier.

Le 1er janvier de notre ère était (tel que déterminé par le calcul) un samedi. Comme chaque année simple compte 365 jours, ou 52 semaines complètes et 1 jour, l'année doit se terminer avec le même jour de la semaine avec lequel elle a commencé, de sorte que l'année suivante commence le jour de la semaine suivant celui avec lequel a commencé l'année précédente. Si le 1er janvier de l'année 1 était un samedi, alors le 1er janvier de la deuxième année est un jour plus tard, c'est-à-dire un dimanche, et le premier jour de la 3e année est 2 jours plus tard et ainsi de suite. Le 1er janvier de l'année 1923 serait 1922 (1923 - 1) jours après samedi s'il n'y avait pas d'années bissextiles. Pour trouver le nombre d'années bissextiles, il suffit de diviser 1923 par 4 (= 480). Cependant, en raison du changement dans les calculs du calendrier, il est nécessaire de supprimer 13 jours de ce nombre. 480 - 13 = 467. À ce nombre, nous devons ajouter le nombre de jours qui se sont écoulés depuis le 1er janvier 1923 jusqu'à la date souhaitée - disons par exemple, jusqu'au 14 décembre. Ce nombre est de 347 jours. Pour résumer, nous devons additionner 1922, 467 et 347, puis diviser la somme par 7, le reste de la division (qui est un nombre entre 0 et 6) nous dira quel jour de la semaine était le 14 décembre, 1923. Puisque ce reste de la division est 6, nous savons que ce jour était un vendredi :

```
    1922
+    467
     347
    ----
    2736
```

Chapitre VIII : Calculs rapides et calendrier perpétuel

Il s'agit ici de la technique générale utilisée pour calculer le jour de la semaine pour une date donnée. En pratique, les choses sont beaucoup plus simples. Tout d'abord, notez que dans chaque période de 28 ans, il y a généralement 7 années bissextiles (ce qui équivaut à une semaine), donc tous les 28 ans, n'importe quelle date de l'année serait au même jour de la semaine. De plus, nous rappelons que dans l'exemple précédent, nous avons soustrait un du numéro de l'année (1923), puis pour tenir compte de la différence de calendrier, nous avons soustrait 13, c'est-à-dire que nous avons soustrait 14 jours au total, soit deux semaines pleines. Comme ce sont des semaines entières, il est clair qu'elles n'affectent pas le résultat. Par conséquent, pour toute date du XXe siècle, nous devons prendre en compte les éléments suivants : (1) le nombre de jours qui se sont écoulés depuis le 1er janvier de l'année en cours - dans notre exemple, 347, puis (2) ajouter le nombre de jours correspondant au nombre d'années qui restent de la division de l'année en cours (1923) par 28, et enfin, (3) le nombre d'années bissextiles dans ce reste, soit 4. En additionnant les trois nombres ci-dessus (347 + 19 + 4), nous obtenons 370, et en divisant le résultat par 7, nous obtenons le même reste 6 (vendredi), que nous avons déjà trouvé auparavant.

$$\begin{array}{r} 347 \\ +19 \\ 4 \\ \hline 370 \end{array}$$

De même, nous trouvons que le 15 janvier 1923 était un lundi (14 19 + 4 = 37 ; 37:7 conduit à un reste de 2). Pour le 9 février 1917, nous trouvons 39 + 13 + 3 = 55, en divisant 55 par 7, nous obtenons un reste de 6 - vendredi. Pour le 29 février 1904 nous trouvons : 59 + 0 -1^1 = 58; le reste de sa division par 7 est 2 - lundi.

Une autre simplification possible est qu'au lieu de considérer le nombre total de jours du mois (lors du calcul du nombre de jours qui se sont écoulés depuis le 1er janvier d'une année donnée), nous

---

1 En divisant 1904 par 28, nous avons tenu compte du fait que l'année 1904 était une année bissextile ; puis nous avons tenu compte une autre fois du fait que février a 29 jours. Par conséquent, il est nécessaire de supprimer le jour supplémentaire.

pouvons prendre le reste de la division de ce nombre par 7.

De plus, en divisant 1900 par 28, nous obtenons un reste de 24, qui contiennent 5 années bissextiles; en les ajoutant à 24, on trouve un total de 24 + 5, soit 29, ce qui donne un reste de 1 lorsqu'il est divisé par 7. Ainsi, nous pouvons déterminer que le 1er janvier 1900 était le 1er jour de la semaine. Ainsi, pour le premier de chaque mois, nous obtenons les nombres qui définissent les jours correspondants de la semaine (nous les appellerons « nombres résiduels »).

Le nombre résiduel pour :

Avril	4 + 31 = 35,	ou	0
Mai	0 + 30 = 30,	ou	2
Juin	2 + 31 = 33,	ou	5
Juillet	5 + 30 = 35,	ou	0
Août	0 + 31 = 31,	ou	3
Septembre	3 + 31 = 34,	ou	6
Octobre	6 + 30 = 36,	ou	1
Novembre	1 + 31 = 32,	ou	4
Décembre	4 + 30 = 34,	ou	6

Se souvenir de ces chiffres n'est pas difficile. De plus, ils peuvent être enregistrés sur le cadran de la montre de poche, en plaçant près de chaque chiffre du cadran le nombre de points approprié.

Maintenant, nous pouvons déterminer le jour de la semaine pour n'importe quel jour du XXe siècle, par exemple, le 31 mars 1923 :

Nombre de jours du mois	31
Nombre de jours résiduels en mars	4
Nombre d'années depuis le début du siècle	23
Nombre d'années bissextiles	5
Total	63

Le reste de la division de 63 par 7 est 0 – donc le jour est un samedi.

Trouvons le jour de la semaine du 16 avril 1948 :

Chapitre VIII : Calculs rapides et calendrier perpétuel

Nombre de jours du mois	16
Nombre de jours résiduels en avril	0
Nombre d'années depuis le début du siècle	48
Nombre d'années bissextiles	12
Total	76

Le reste de la division par 7 est 6 – donc le jour est un vendredi.

Trouvons le jour de la semaine correspondant au 29 février 1912 :

Nombre de jours du mois	29
Nombre de jours résiduels en février	4
Nombre d'années depuis le début du siècle	12
Nombre d'années bissextiles	2
Total	47

Le reste de la division par 7 est 5 – donc le jour est un jeudi.

Pour les dates des siècles précédents (XIX, XVIII, etc.), vous pouvez utiliser les mêmes chiffres, mais vous devez vous rappeler qu'au XIXe siècle, la différence entre le nouveau et l'ancien calendrier n'était pas de 13, mais de 12 jours, en plus, la division de 1800 par 28 donne un reste de 8, qui avec deux années bissextiles dans ce nombre donne un total de 10 (ou 10 - 7 = 3), c'est-à-dire que le nombre caractéristique correspondant pour les dates du XIXe siècle est 3 - 1 = 2. Ainsi, par exemple, pour calculer le jour de la semaine dans le nouveau calendrier correspondant au 31 décembre 1864, nous définissons d'abord les nombres résiduels, puis nous ajoutons 2 jours :

Nombre de jours du mois	31
Nombre de jours résiduels en Décembre	6
Nombre d'années depuis le début du siècle	64
Nombre d'années bissextiles	16
Correction pour le 19ème siècle	2
Total	119

Le reste de la division par 7 est 0, donc le jour est un samedi.

Trouvez le jour de la semaine correspondant au 25 avril 1886 dans le nouveau calendrier :

Nombre de jours du mois	25
Nombre de jours résiduels en avril	0
Nombre d'années depuis le début du siècle	86
Nombre d'années bissextiles	21
Correction pour le 19ème siècle	2
Total	134

Le reste de la division par 7 est de 1 – donc le jour recherché est un dimanche.

Après ces courts exercices, nous pouvons encore simplifier les calculs comme suit : Au lieu d'écrire les restes de la division, nous pouvons écrire les restes de leur propre division par 7. Par exemple, le jour de la semaine du 24 mars 1934 peut être calculé en utilisant le suivant des calculs simples :

Replacement pour le mois (24)	3
Nombre de jours résiduels en mars	4
Remplacement pour le nombre d'années depuis 1901	6
Nombre d'années bissextiles	1
Total	0 (au lieu de 14)

Le jour souhaité est un samedi.

C'est ce genre de méthodes simplifiées[1] qui sont normalement utilisées par ces « génies mathématiques » imaginaires qui montrent au public leur « pouvoir » de calcul rapide. Comme vous pouvez le voir, tout est très simple et peut facilement être effectué après un peu de pratique.

---

[1] Il existe de nombreuses façons de réduire le calcul des dates calendaires. J'ai décrit ici la plus simple des techniques connues, telle qu'utilisée par le mathématicien allemand F. Ferrol, qui était connu pour ses calculs mentaux étonnamment rapides.

Chapitre VIII : Calculs rapides et calendrier perpétuel

Montre calendrier

Connaître ces petits secrets n'est pas seulement utile pour démontrer des astuces, mais est aussi très utile dans la vie de tous les jours. Vous pouvez facilement transformer votre montre de poche en un « calendrier perpétuel », grâce auquel vous pouvez déterminer le jour de la semaine pour n'importe quelle date de n'importe quelle année. Pour cela, il suffit de retirer soigneusement le verre de la montre, d'appliquer du mascara sur le cadran[1] en ajoutant des points près des numéros comme illustré dans la figure suivante. Nous savons déjà comment fonctionnent ces points.

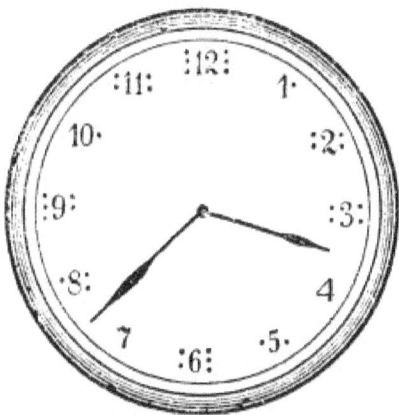

Montre calendrier

Cette montre ne fonctionne que pour les dates du XXe siècle : Le nombre de points associé au numéro du mois, indique les nombres résiduels du mois correspondant (c'est-à-dire le reste de la division du nombre de jours du mois par 7).

Ensuite, il suffit de garder à l'esprit le reste de la division de la somme par 7 des années précédentes du siècle. Ce solde doit être constamment ajouté au reste (nombre de points) pour chaque mois jusqu'à la date souhaitée.

En particulier, pour 1923, le reste est nul car :

---

[1] Nous pouvons utiliser de l'encre. Cependant, il est préférable d'utiliser du mascara car avec ce dernier il est plus facile d'effacer les points du cadran lorsqu'ils ne sont plus nécessaires.

$$(23 + \frac{24}{3}) : 7$$

Pour les autres années, il peut être de 1, 2, 3 ... à 7. Le reste pourrait être ajouté au nombre de points sur le cadran, car il n'était pas nécessaire de le calculer séparément. Mais cela rendrait la montre calendrier compatible uniquement avec l'année en cours. Elle cessera d'être « perpétuelle ».

Il va sans dire qu'un « calendrier perpétuel » de ce type peut être créé sans avoir besoin d'une horloge ou d'une montre. Vous pouvez simplement préparer une étroite bande de papier avec le reste approprié pour chaque mois de l'année comme illustré ci-dessous et votre petit calendrier perpétuel omniprésent serait prêt :

I-1
II-4
III-4
IV-0
V-2
VI-5
VII-0
VIII-3
IX-6
X-1
XI-4
XII-6

Chapitre IX : Des nombres géants

Quelle est la taille d'un million ?

Le plus majestueux des nombres géants (millions, milliards, billions, etc.) s'est progressivement estompé à nos yeux une fois que la monnaie papier est entrée dans notre vie quotidienne.

Si les dépenses mensuelles d'une petite famille d'agriculteurs atteignent un milliard de roubles, et si le budget de certaines petites institutions est exprimé en milliers de milliards, alors nous commençons à penser que ces chiffres qui étaient autrefois au-delà de notre imagination ne sont finalement pas si énormes. Maintenant, un montant en roubles à sept chiffres ne nous permet même pas d'acheter un litre de lait, et un milliard de roubles ne nous permet même pas d'acheter un costume.

Mais ce serait une grave erreur de penser qu'en raison de la diffusion de ces géants numériques dans notre vie de tous les jours, nous les connaissons maintenant mieux qu'avant. Un million demeure pour la plupart des gens un inconnu familier. Nous avons toujours été enclins à sous-estimer la dimension de ce nombre car cette dernière dépasse la capacité de notre imagination, et lorsque les prix ont commencé à être exprimés en millions, la valeur d'un million a diminué dans notre imagination pour devenir quelque chose d'ordinaire. Nous commettons facilement une curieuse erreur psychologique : Parce que le million de roubles est devenu une somme relativement petite, nous ne réduisons pas uniquement la valeur monétaire de ce nombre, mais nous réduisons aussi la valeur du nombre lui-même. Par notre inertie quant à l'évolution de la valeur du rouble et par le flou de nos idées sur le million, nous continuons inconsciemment à considérer la valeur du rouble comme inchangée et imaginons que nous avons enfin une chance de saisir la magnitude d'un million qui a perdu sa prétendue renommée et s'est avéré loin d'être aussi énorme qu'imaginé. J'ai entendu un homme s'exclamer innocemment lorsqu'il a appris pour la première fois que la distance entre la Terre et le Soleil était de 150 millions de kilomètres :

- Seulement!

Un autre, en lisant que la distance entre Petrograd et Moscou était d'un million de pas, a déclaré :

- Seulement un million de pas à Moscou ? Mais nous payons le billet de train deux millions de roubles !...

Contrairement à aux croyances populaires, notre expérience avec l'argent ne nous a pas fourni une idée claire sur les grands nombres. La plupart des gens qui ont travaillé avec de l'argent liquide et utilisé des millions dans leurs calculs ne réalisent toujours pas à quel point ces chiffres sont énormes. Même si nous effectuons des calculs en utilisant des millions de roubles, les éléments stockés dans notre imagination ont la même valeur constante. Si vous voulez faire une expérience pour réaliser taille réelle d'un million, essayez de dessiner un million de points sur un cahier. Je ne propose pas d'achever entièrement cette tâche (personne n'aurait la patience de le faire). Je propose juste de le démarrer et votre rythme lent vous fera ressentir ce que le « vrai » million.

Le célèbre naturaliste anglais A. R. Wallace attachait une très grande importance au développement de la représentation correcte du million. Il a suggéré[1] que « Dans chaque grande école, on crée une pièce ou une salle dont les murs pourraient montrer clairement ce qu'est un million. À cette fin, vous devez disposer de 100 grandes feuilles de papier, chacune mesurant 4 x 2 pieds. Maintenant, sur chaque feuille, créez et noircissez des carrés d'un quart de pouce et laissez un espace après chaque 10 carrés dans toutes les directions, de sorte que vous ayez un espace autour de chaque centaine de carrés (10 x 10). Ainsi, sur chaque feuille, vous aurez 10.000 carrés noirs, facilement distinguables depuis le milieu de la pièce, et si vous considérez l'ensemble des 100 feuilles, vous aurez un million de carrés. Une telle salle serait très instructive, surtout dans une nation qui parle très effrontément de millions et les dépense sans embarras. Pendant ce temps, personne n'apprécie vraiment les réalisations de la science moderne, traitant de quantités inimaginablement grandes ou petites. Imaginez à quel point le nombre d'un million est grand lorsque l'astronomie et la physique modernes doivent faire face à des centaines, des milliers et même des millions de millions.[2] Dans tout les cas, il est

---

1 Dans son livre « La position de l'homme dans l'univers. »
2 Par exemple, les distances entre les planètes sont mesurées en dizaines et en cen-

Chapitre IX : Des nombres géants

très souhaitable qu'une grande salle ait été aménagée pour faire comprendre la magnitude d'un million en utilisant les carrés noirs sur les feuilles. »

Je suggère un autre moyen plus abordable qui permet à chacun de se faire une idée claire de l'ampleur d'un million. Pour se faire, il suffit de prendre la peine d'effectuer des calculs mentaux sur des millions de petites unités bien connues - pas, minutes, allumettes, etc. Les résultats sont souvent inattendus et surprenants.

Voici quelques exemples.

Un million de secondes

De combien de temps auriez-vous besoin pour compter un million d'articles en supposant qu'il vous faut une seconde par article ? Il s'avère que si l'on considère un temps de comptage disponible de 10 heures par jour, vous serez obligés de compter pendant un mois. Le vérifier approximativement n'est pas très difficile, même en utilisant le calcul mental : Il y a 3.600 secondes dans une heure. 10 heures contiennent 36.000 secondes. En trois jours, vous ne compterez donc qu'environ 100.000 articles. Compter un million d'articles en demanderait dix fois plus. Pour compter jusqu'à un million, vous aurez besoin de 30 jours.[1] Si vous recevez un centime pour chaque compte, à la fin du mois, vous toucherez un million de centimes, soit 10.000 roubles, un salaire mensuel très décent.

Cela implique, entre autres, que le travail proposé précédemment - remplir un cahier avec des millions de points - nécessiterait de nombreuses semaines de travail très assidu et inlassable.[2] De

---

taines de millions de kilomètres. Les distances entre les étoiles sont mesurées en millions de millions de kilomètres et le nombre de molécules dans un centimètre cube d'air en millions de millions de millions. - PJ - YP

1 Il est à noter qu'une année (astronomique) contient 31 556 926 secondes.
2 La mesure dans laquelle les gens ont tendance à sous-estimer la valeur d'un million est illustrée dans l'exemple instructif suivant : C'est un extrait du livre du même Wallace qui mettait fréquemment les autres en garde contre la dépréciation de millions : « Je peux aménager cette pièce moi-même : Il faut obtenir une centaine de feuilles de papier épais, les tapisser de carrés et mettre de gros points noirs à l'intérieur des carrés. Cette configuration serait très instructive. » Le vénérable auteur croyait apparemment qu'un tel travail pouvait être effectué par une seule personne. En attendant, on sait déjà que ce travail aurait demandé un effort inhumain – quelques

plus, ce cahier aurait besoin d'un millier de pages. Néanmoins, ce travail a été effectué une fois. Dans un magazine anglais, j'ai récemment vu quelques pages de ce cahier, « dont le seul contenu était soigneusement organisé en millions de points, un millier sur chaque page. » Les 500 pages du cahier ont été soigneusement remplies à l'aide d'un crayon par la main d'un patient professeur de calligraphie scolaire au milieu du siècle dernier. Selon la fille du défunt « auteur » qui a remis ce livre à l'éditeur, ce travail bénévole a pris plusieurs années.

Un cheveu un million de fois plus épais

La finesse d'un cheveu est presque proverbiale. Son épaisseur ne dépasse pas 0,1 mm. Imaginez cependant qu'un cheveu soit devenu un million de fois plus épais. Quelle serait son épaisseur dans ce cas ? Serait-ce une main épaisse ? Une bûche épaisse ? Un tronc épais ? Ou peut-être qu'il atteindrait la largeur d'une pièce de taille moyenne ?

Si vous n'aviez jamais pensé à un tel problème et n'aviez pas fait les calculs appropriés, vous pouvez presque être sûr que votre réponse sera erronée et vous contesterez peut-être même la bonne réponse. En effet, il s'avère qu'un cheveu, dont l'épaisseur est multipliée par un million, aurait un diamètre de 100 mètres ! Cela semble incroyable mais faites les bons calculs et vous serez sûr que c'est le cas : $0,1 \text{ mm} \times 1\,000\,000 = 0,1 \times 1000 \text{ m} = 0,1 \text{ km} = 100$ mètres.[1]

Pour avoir une vraie idée du million, il ne faut pas le confondre avec les centaines ou les milliers. À la question ci-dessus d'un cheveu, la plupart des gens penseraient qu'un cheveu, dont l'épaisseur a été multipliée par un million, serait aussi épais qu'un tonneau ou une bûche, c'est-à-dire une valeur des centaines ou des milliers de fois plus petite.

---

mois de travail continu, entièrement consacrés à l'agencement minutieux des carrés. Wallace a fait cette erreur car il a lui-même sous-estimé la vraie valeur d'un million.
1 Ici, nous avons fait la multiplication d'une manière quelque peu inhabituelle - au lieu de multiplier le nombre, nous avons remplacé l'unité de mesure. Cette technique est très utile pour le calcul mental et devrait être utilisée dans les calculs du système métrique.

Chapitre IX : Des nombres géants

Exercices avec un million

Nous vous proposons ici un certain nombre d'exercices pour vous permettre de vous familiariser avec la valeur d'un million. Vous avez déjà vu dans les deux exemples précédents comment notre perception habituelle d'un million était erronée et comment il est utile de s'entraîner avec cette valeur pour corriger nos fausses idées.

Prenons la taille de la mouche domestique bien connue. Elle mesure environ 7 millimètres de longueur. Quelle serait sa longueur après un grossissement d'un million de fois ? Ne répondez pas immédiatement. En multipliant 7 mm par 1.000.000, nous obtenons 7 kilomètres - à peu près la largeur de Moscou ou de Pétrograd. Il est difficile de croire que lorsque sa longueur est augmentée un million de fois, une mouche pourrait couvrir une ville métropolitaine.

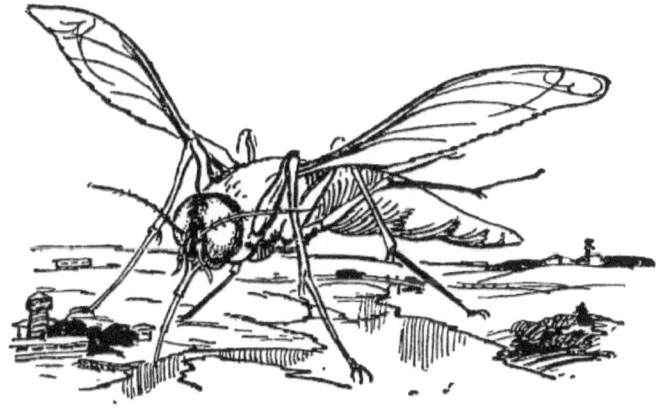

Une mouche après un grossissement d'un million de fois

Si vous augmentez la largeur de votre montre de poche un million de fois, vous obtiendrez un résultat saisissant qu'il est difficile de prévoir : La nouvelle montre aurait une largeur de 50 kilomètres et chaque chiffre ferait un kilomètre géographique entier.

Imaginez un homme qui est un million de fois plus grand qu'un homme typique normal. Il atteindrait environ 1700 kilomètres. Il serait à peine 8 fois plus court que le diamètre du globe. En un seul pas, il pourrait déménager de Petrograd à Moscou, et s'il se couche, il s'étendrait de Petrograd à la Crimée.

Voici quelques résultats finaux du même genre. Le lecteur peut effectuer les calculs associés :

(1) En faisant un million de pas dans une direction, vous vous déplacerez de 600 kilomètres. Vous pourriez déménager de Moscou à Petrograd avec ce trajet.

(2) Un million de personnes alignées dans une file d'attente unique, l'un derrière l'autre, s'étendraient sur 250 kilomètres.

(3) Un million de verres d'eau peuvent remplir un énorme bol de la taille de 200 barils.

(4) En replissant un million de fois un dé à coudre, vous replisserez l'équivalent d'une centaine de seaux.

(5) Un livre contenant un million de pages aurait une épaisseur de 25 brasses.

(6) Un million de lettres placées les unes après des autres permettrait d'avoir un livre de format moyen de 600 à 800 pages.

(7) Un million de jours équivaut à 27 siècles. Par conséquent, moins d'un million de jours se sont écoulés depuis la naissance du Christ.

Noms des géants numériques

Avant d'envisager des géants numériques encore plus grands (milliards, billions, etc.) parlons un peu de leurs noms. Le mot « million » a un sens universel : mille milliers. Mais les mots milliard, billions, etc. qui ont été inventés relativement récemment n'ont pas encore reçu une valeur uniforme. Dans les calculs financiers, et par conséquent dans la vie de tous les jours, nous avons décidé d'appeler « milliard » un millier de millions et « billion » - un million de millions. Cependant, dans les livres d'astronomie et de physique, vous trouvez ces mêmes noms mais avec un sens différent : un milliard ici ne signifie pas un millier de millions mais un million de millions, un billion signifie un million de millions de millions, un quadrillion signifie un million de millions de millions

Chapitre IX : Des nombres géants

de millions, etc. Bref, dans les livres d'astronomie, chaque nouvelle dénomination supérieure est un million de fois plus grande que la précédente. Dans les calculs financiers et dans la vie de tous les jours, chaque nouvelle dénomination est mille fois plus grande que la précédente. Le tableau montre cette différence :

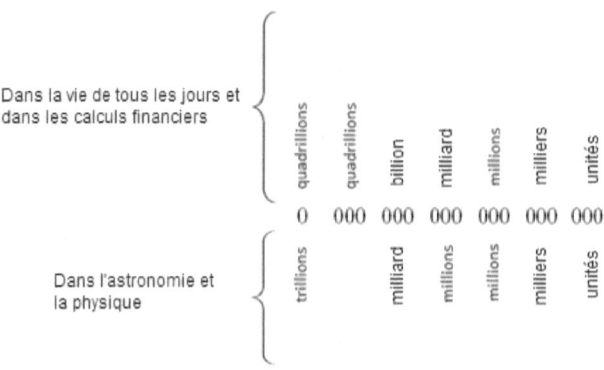

Vous pouvez voir que ce que les physiciens appellent milliard est appelé billion par les financiers, etc., donc pour éviter toute confusion, le nom doit toujours être accompagné de chiffres. C'est peut-être le seul cas en pratique, où les montants désignés par des mots sont plutôt moins clairs que ces mêmes montants écrits à l'aide de nombres. Vous voyez également que les astronomes et les physiciens sont plus avertis dans l'utilisation de nouveaux noms que les financiers. Une des raisons à cela peut être le fait que les financiers n'ont aucune raison de lésiner et n'ont pas à traiter avec des nombres à plus de 12 chiffres, alors qu'en science les numéros à 20 chiffres sont des invités fréquents.[1]

Un milliard

Le mot « milliard » est utilisé au sens de mille millions dans les

---

[1] Il convient de noter que les désignations numériques conventionnelles des très grands nombres ne sont utilisées que dans les livres de vulgarisation scientifique. Dans les livres scientifiques sur la physique et l'astronomie, les notations couramment utilisées sont 10^{12} pour un milliard, 10^{15} pour mille milliards, 27×10^{15} pour vingt-sept mille milliards, etc. Cette notation fait gagner de la place, et permet d'effectuer facilement diverses opérations sur les nombres.

calculs monétaires ainsi que dans les sciences. Mais, autrefois, dans certains pays comme l'Allemagne et l'Amérique, le mot milliard était parfois utilisé pour désigner cent millions (pas mille millions). Cela explique l'utilisation du mot « milliardaire » en ces temps anciens, car personne, même les plus riches, ne pouvait atteindre la fortune d'un milliard (au sens de mille millions) de dollars. L'énorme fortune de Rockefeller a été estimée peu de temps avant la guerre à « seulement » 900 millions de dollars, et d'autres milliardaires avaient des fortunes encore plus petites. Ce n'est que pendant la guerre que de vrais milliardaires (dans notre sens du terme) sont apparus en Amérique.

Pour avoir une idée de la taille d'un milliard, pensez au livre que vous lisez maintenant. Celui-ci a un peu plus de 200.000 lettres. Dans cinq livres équivalents, vous auriez un million de lettres. Un milliard de lettres nécessiterait une pile de 5.000 exemplaires de ce livre. Si cette pile était soigneusement pliée, elle serait aussi haute qu'un pilier de la cathédrale Saint-Isaac.

Pour qu'une horloge batte un milliard de secondes, il lui faudra plus de 30 ans. Un milliard de minutes équivaut à plus de 19 siècles. L'humanité a commencé à compter le deuxième milliard de minutes de notre calendrier il y a seulement vingt ans (29 avril 1902 à 10 h 40 min).

Un milliard et un billion

Assimiler l'énormité de ces géants numériques est difficile, même pour une personne expérimentée dans la gestion de millions. Le million géant est un nain par rapport à un milliard qui est l'unité suivante après le million. Habituellement, nous ne réalisons pas la grande différence entre un million, un milliard et un billion. Ici, nous sommes comme ces peuples primitifs qui peuvent compter uniquement jusqu'à 2 ou 3, et tous les nombres plus grands que ces derniers sont égaux et sont appelés en utilisant le mot « beaucoup ». « À quel point la différence entre deux et trois semble insignifiante - dit le célèbre professeur allemand de mathématiques G. Schubert - de même dans plusieurs cultures populaires modernes, la différence entre des milliards et des billions semble insignifiante.

Chapitre IX : Des nombres géants

Au moins, ils ne pensent pas que l'un de ces nombres est un million de fois plus grand que l'autre et par conséquent, si le premier se référait à la distance entre Berlin et San Francisco, le second ferait référence à la largeur de la rue.

La relation entre les millions, les milliards et les billions peut être clarifiée comme suit : À Petrograd, il y a environ un million d'habitants actuellement (1923). Imaginons maintenant que nous ayons une ligne droite de villes semblable à Petrograd. Imaginez que nous en ayons un million. Une telle ligne s'étendrait sur 7 millions de kilomètres (20 fois la distance entre la Terre et la Lune) et abriterait un milliard d'habitants... Imaginez maintenant que nous n'ayons pas de ligne droite d'un million de ces villes, mais à la place nous avons une place pleine de telles villes dont le côté a été construit en utilisant un million de Petrograds. Sur cette place, vous auriez un billion d'habitants... Si nous avions un billion de briques, nous pourrions les utiliser pour construire une couche dense sur la surface solide de la Terre. Cette couche s'élèverait à la hauteur d'un immeuble de quatre étages.

Si toutes les étoiles visibles dans les télescopes les plus puissants étaient des globes célestes, c'est-à-dire au moins 30 millions d'étoiles - et étaient habitées et peuplées chacune avec 20 fois plus de personnes que notre terre - elles ne seraient pas, même combinées, capables d'héberger un total d'un billion de personnes.

Enfin, la dernière image est empruntée au monde des minuscules particules qui composent chaque corps naturel - au monde des molécules. Une molécule est si petite qu'un point imprimé sur ce livre a une largeur d'un million de fois plus grande que celle d'une molécule. Après tous les exercices précédents, vous pouvez déjà avoir une certaine idée de la petitesse d'une molécule. Imaginez maintenant un billion de ces molécules,[1] étroitement enfilées sur un fil. Quelle longueur aurait ce fil? Il pourrait être utiliser pour envelopper le globe sept fois à l'équateur!

---

1 Chaque centimètre cube d'air (c'est-à-dire approximativement le contenu d'un dé à coudre) contient au total entre 20 et 30 000 milliards de molécules. Vous vous demandez quel aspect devrait vous émerveiller le plus : le grand nombre de molécules ou leur incroyable petitesse...

Quadrillion

Autrefois (XVIIIe siècle), un tableau figurait dans l'« Arithmétique » de Magnitsky que nous avons mentionné à plusieurs reprises dans ce livre. L'un comprenait les noms de différentes classes de nombres jusqu'au quadrillion, c'est-à-dire une unité avec 24 zéros.[1]

Il convient de noter que l'imagination humaine a des limites et le cerveau humain ne pouvait pas imaginer des nombres anormalement géants. De plus, l'ensemble des nombres présentés dans Magnitsky est suffisant pour le calcul de toutes les choses visibles dans ce monde. C'est pourquoi dans la plupart des cas, nous n'avons pas besoin de considérer des nombres au-delà du quadrillion.

Il est également intéressant de noter que Magnitski était un devin dans ce cas. La science moderne n'a pas besoin de nombres plus élevés que des quadrillions.

Les distances entre les groupes d'étoiles les plus éloignés sont estimées (selon les dernières estimations des astronomes) à environ 200 000 « années-lumière ».[2] Ces distances sont celles des étoiles qui peuvent être visibles à l'aide des télescopes les plus puissants disponibles sur Terre. La distance entre les étoiles situées « à l'intérieur du ciel » est, bien sûr, plus petite. Le nombre total d'étoiles a été calculé pour être « seulement » des centaines de millions. En termes d'âge, les étoiles les plus anciennes ne dépassent pas, à l'estimation la plus généreuse, un milliard d'années. On estime que le poids de certaines étoiles atteint les mille quadrillions de tonnes.

Passant au côté opposé, au monde des très petites quantités, on ne ressent pas le besoin d'utiliser bien plus que le quadrillion. Le nombre de molécules dans un centimètre cube de gaz - l'un des plus grands nombres dans le domaine des petites quantités - est exprimé en dizaines de billions. Le nombre d'oscillations par seconde des ondes les plus rapides d'énergie radiante (rayons X) ne dépasse pas 40 trillions. La magnitude du champ du plus petit

---

[1] Magnitsky a adhéré à la classification des nombres qui donne à chaque nouveau nom un million d'unités du nom inférieur (par exemple, un milliard vaut un million de millions, etc.)

[2] Une année-lumière est la distance parcourue par un faisceau de lumière en une année (la lumière parcourt 300.000 kilomètres en une seconde).

Chapitre IX : Des nombres géants

objet qui existe dans la nature - les atomes d'électricité positive - n'est pas inférieure à un billionième de millimètre.

Si nous voulions compter combien de seaux d'eau sont incarnés dans tous les océans de la Terre, nous n'atteindrions pas un quadrillion, car le volume total des 1440 millions de kilomètres cubes d'eau contenus dans les océans ne conduirait « qu'à » 1440 billions de litres ou 120 billions de seaux. Pour calculer le nombre de gouttes dans les océans (en supposant qu'une goutte d'eau a un volume de 1 millimètre cube - ce qui est assez petit), nous n'avons pas besoin d'utiliser des magnitudes au-delà du quadrillion, car cela ne conduit qu'à 1440 quadrillions. Magnitsky avait raison et était sage quand il a dit que les quadrillions dominent tous les nombres.

Mile géographique cube et kilomètre cube

Nous allons considérer maintenant un géant arithmétique (ou plutôt, peut-être géométrique) d'un genre particulier - un mile géographique cube, on parle ici d'un mile géographique [1] - 7 verstes de long [2], et non du mile cube standard (un mile géographique cube correspond à environ 97,97 mile cube standard). Notre imagination gère assez mal les mesures cubiques et nous sous-estimons généralement considérablement leur valeur - en particulier pour les grandes unités cubiques, auxquelles nous devons faire face en astronomie. Si nous ne pouvons pas imaginer correctement le volume d'un mile géographique cube, comment pouvons-nous imaginer l'étendue de la Terre, des planètes, et du soleil? Nous devrions donc consacrer du temps et de l'attention pour essayer d'avoir une vue correcte et claire sur le mile cube géographique.

Pour cela, nous emprunterons quelques décors pittoresques au talentueux écrivain allemand de vulgarisation scientifique Aaron Bernstein, mais sous une forme légèrement altérée. Voici un long

---

1 Le mile géographique est une unité de longueur déterminée par 4 minutes d'arc le long de l'équateur terrestre et est défini comme environ 7421,5 mètres (4,61 miles environ).
2 Une verste est une ancienne unité de longueur russe. Une verste équivaut à 1,0668 km ou 3 500 pieds anglais.

extrait de son petit livre rare – « Un voyage fantastique à travers l'univers » (paru il y a plus d'un demi-siècle).

« Lorsque nous sommes face à une route directe, nous pouvons voir un kilomètre géographique devant nous. Maintenant, placez un mât d'un mile géographique de long à une extrémité de la route à une distance d'un mile géographique de nous. Levez les yeux et observez la hauteur du mât. Supposons maintenant qu'à côté de ce mât se dresse une statue humaine d'une hauteur presque identique. La statue aurait sept verstes de haut. Dans une telle statue, le genou serait à une hauteur de 900 brasses.[1] Il faudrait empiler 18 cathédrales de Saint-Isaac juste pour atteindre le genou d'un tel monument. Il faudrait empiler 25 pyramides égyptiennes les unes sur les autres pour atteindre la taille de la statue.

Imaginons maintenant que nous ayons installé deux de ces mâts à un mile géographique l'un de l'autre et que nous ayons relié les deux mâts par des panneaux en bois. Nous obtiendrions un mur d'un mile géographique de haut et d'un mile géographique de long. Il aurait une superficie d'un mile géographique carré.

S'il y avait vraiment un tel mur, par exemple, le long de la rivière Neva à Saint-Pétersbourg, les conditions climatiques de cette fabuleuse ville auraient considérablement changé : Le côté nord de la ville pourrait connaître un hiver plus rigoureux, tandis que le côté sud pourrait profiter d'un début d'été. Pendant le mois de mars, d'un côté du mur, vous feriez un tour en bateau, tandis que de l'autre côté, vous feriez une promenade en traîneau ou du ski sur glace... mais nous nous écartons des nombres ici...

Nous avons un mur en bois, debout verticalement. Imaginez quatre autres murs de ce type, assemblés comme une boîte. Couvrez-la avec un couvercle d'un mile géographique de long et d'un mile géographique de large. Le volume de cette boîte est d'un mile géographique cube. Voyons maintenant à quel point cette boîte est énorme, c'est-à-dire que peut-elle contenir.

Retirez le couvercle et jetez tous les bâtiments de Petrograd dans la boîte. Ceux-ci prendraient très peu de place dans la boîte. Ajoutez les bâtiments de Moscou et tous les bâtiments des provinces. Ceux-ci ne couvriraient que le fond de la boîte. Nous devons donc

---

1 Une brasse est une ancienne unité de longueur et est égale à 6 pieds ou 1,8288 mètres.

chercher des matériaux ailleurs. Prenez Paris avec toutes ses portes triomphales, ses tours et jetez-les dans la boîte. Tout cela change à peine le niveau dans cette dernière. Ajoutez Londres, Vienne, et Berlin. Mais comme tout cela ne suffit pas à remplir la boîte, nous commençons à jeter sans discernement toutes les villes, forts, châteaux, villages, et maisons individuelles. Cela n'est toujours pas suffisant ? Jetez tout ce qui a été construit par des mains humaines en Europe, mais cela ne fera que remplir la boîte jusqu'à son quart. Ajoutez tous les navires du monde, mais cela n'aide pas. Ajoutez toutes les pyramides égyptiennes, tous les rails de l'Ancien et du Nouveau Monde, tous les trains, voitures et usines du monde - tout ce qui a été fabriqué par les humains en Asie, en Afrique, en Amérique et en Australie. La boîte sera à peine remplie à moitié. Essayons maintenant de savoir si vous pouvez la remplir en utilisant les humains eux-mêmes.

Ramassez toute la paille et tout le papier de coton qui existe dans le monde et étalez-les dans une boîte - nous obtenons une couche qui protège les humains des blessures associées à cette expérience. Toute la population allemande - 50 millions de personnes - s'installera dans la première couche. Nous les recouvrons d'une couche de paille douce d'une épaisseur d'un pied et empilons encore 50 millions de personnes. Nous répétons le même processus et ajoutons les populations entières d'Europe, d'Asie, d'Afrique, d'Amérique et d'Australie. Celles-ci rempliraient à peine 35 couches. En supposant un mètre par couche, il faudrait 50 fois la population terrestre pour remplir la seconde moitié de la boîte.

Qu'est-ce qu'on fait ? Si nous voulions mettre dans une boîte toute la faune - tous les chevaux, bœufs, ânes, mules, moutons, chameaux, et leur superposer tous les oiseaux, poissons, serpents, tout ce qui vole ou rampe, nous ne pourrions pas remplir la boîte jusqu'au sommet sans utiliser de roches et de pierres.

Nous parlons ici d'une boîte mesurant un mile cube géographique et de ce qu'elle pourrait contenir. Bon, vous pouvez lui exprimer du respect !

Un mile géographique cube

Est-il possible qu'un mile géographique cube soit si énorme ? Pourquoi cette boîte est-elle si difficile à remplir ? Ne pouvons-nous pas trouver une machine qui ferait assez de matière pour la remplir ? Pensons à une idée comme celle-ci : Construisons une usine de briques et installons une machine qui préparerait une brique en cube de 1 pied par seconde. Installons-la de manière à ce qu'elle fonctionne jour et nuit sans interruption et arrangeons chaque brique fabriquée dans la boîte. Allons-y ! Démarrons la machine. Nos yeux sont à peine capables de suivre le travail. Probablement, la machine terminera bientôt son travail.

En effet, bientôt... Nous pouvons calculer ce temps avec précision. La machine produit une brique par seconde. Ce serait donc 60 briques par minute, 3.600 par heure, 86.400 par jour et environ 31 millions par an.

Mais combien de ces briques sont nécessaires pour remplir la boîte ? Un carré de 7 verstes de côtés, soit 24.500 pieds, aura une superficie d'environ 600 millions de pieds carrés. Par conséquent, 600 millions de briques doivent être posées pour remplir la première couche de la boîte. Et comme l'usine produit annuellement un total de 31 millions de briques, il est clair que pour ne couvrir que le fond de la boîte, nous devrons attendre environ 20 ans.

Chapitre IX : Des nombres géants

La boîte a également un mile de hauteur, ce qui signifie que la machine doit remplir 24.500 couches similaires à celle du fond. En faisant la multiplication, on voit que notre machine ne finira pas son travail de sitôt. Elle doit fonctionner jour et nuit pendant près d'un demi-million d'années pour mener à bien cette tâche...

Tel est un mile géographique cube. Mais qu'en est-il de notre Terre qui est composée de 660 millions de ces boîtes ! Si le mile cube mérite certain respect, notre Terre mérite encore plus.

Maintenant, ce mile géographique qui est incroyablement énorme (environ 350 kilomètres cubes) peut être ressenti par le lecteur. Nous pouvons ajouter que si nous devons remplir un mille géographique de grains de blé, nous aurions besoin de quelques milliers de milliards de ces derniers.

La capacité d'un kilomètre cube est également impressionnante. Il est facile de calculer, par exemple, qu'une boîte d'un kilomètre cube pourrait contenir 5.000 milliards d'allumettes serrées, et pour fabriquer autant d'allumettes, une usine qui produit un million d'allumettes par jour devrait travailler 14 millions d'années. Pour livrer ce nombre d'allumettes, 10 millions de chariots seraient nécessaires. Ces derniers pourraient être reliés dans un train ayant une longueur de 100.000 kilomètres, c'est-à-dire, 2 ½ fois l'équateur terrestre :

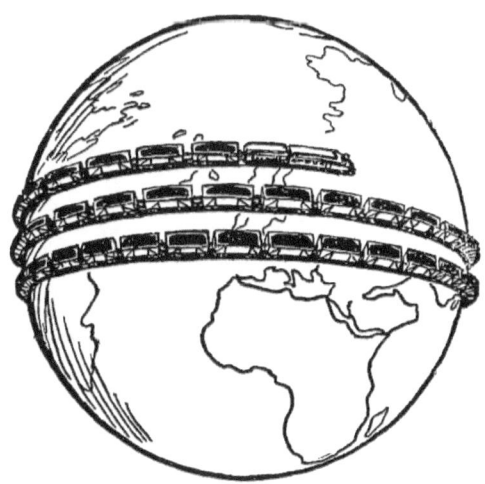

Après ce qui a été dit sur le mile géographique cubique, des nombres géants, tels que le billion et le quadrillion, grandissent davantage dans notre esprit.

Chapitre X : Des Nombres Lilliputiens

Dans ses pérégrinations, Gulliver se retrouva parmi les Géants après avoir quitté les Lilliputiens. Nous avons voyagé dans la direction opposée : Une fois nous nous sommes familiarisés avec les Géants numériques, nous allons maintenant dans le monde des Lilliputiens, celui des nombres extrêmement petits.

Il n'y a aucune difficulté à trouver des représentants de ce monde : il suffit de considérer les inverses d'une série croissante de nombres géants, des millions, des milliards, des billions, etc., c'est-à-dire diviser un par ces nombres. Les fractions résultantes

$$\frac{1}{1\,000\,000},\; \frac{1}{1\,000\,000\,000},\; \frac{1}{1\,000\,000\,000\,000}\; \text{ETC}$$

sont des nombres lilliputiens typiques, car ils sont plusieurs fois plus petits qu'un. Ils sont un million, un milliard, un billion de fois plus petit qu'un.

Nous pouvons voir que pour chaque nombre géant, un lilliputien peut être trouvé, et par conséquent le nombre de nombres lilliputiens est égal au nombre de nombres géants. Nous utilisons également des notations abrégées pour les écrire. Dans un très grand nombre d'ouvrages scientifiques (astronomie, physique), les nombres géants sont notés comme suit :

1,000,000	10^6
10,000,000	10^7
400,000,000	4×10^8

etc.

En conséquence, les nombres lilliputiens sont désignés comme suit :

$$\frac{1}{1\,000\,000} \quad \cdots\cdots\cdots\cdots\cdots\cdots 10^{-6}$$

$$\frac{1}{1\,000\,000\,000} \quad \cdots\cdots\cdots\cdots\cdots\cdots 10^{-9}$$

$$\frac{1}{1\,000\,000\,000\,000} \quad \cdots\cdots\cdots\cdots\cdots 10^{-12} \quad \text{ETC}$$

Cependant, existe-t-il un réel besoin pour ces petites fractions ? Avez-vous besoin de travailler avec de si petites quantités ? Il est intéressant de parler davantage de ce sujet.

Un temps lilliputien

Dans la vie normale, une seconde est si peu de temps qu'une fraction de seconde ne peut être remarquée en aucune circonstance. Que peut-il se passer, par exemple, en un millième de seconde ? Il est facile d'écrire : $1/1000^e$ de seconde, mais c'est une valeur purement théorique, car rien ne peut arriver dans un laps de temps aussi insignifiant. Mais cela n'est qu'une impression.

Un train roulant à 36 kilomètres à l'heure fait 10 mètres par seconde, et par conséquent, pendant un $1/1\,000^e$ de seconde, il se déplacerait d'un centimètre. Le son dans l'air parcourt 33 centimètres (environ un pied) pendant un $1/1.000^e$ de seconde, et une balle quittant un canon à la vitesse de 700 à 800 mètres par seconde, parcourt pendant $1/1.000^e$ de seconde un arshin entier.[1] La Terre parcourt 30 mètres tous les $1/1.000^e$ de la seconde dans sa révolution autour du Soleil. Une corde produisant des sons aigus fait 2 à 4 oscillations et plus dans un $1/1.000^e$ de la seconde. Même un moustique a le temps de battre des ailes vers le haut ou vers le bas pendant ce temps. La foudre dure beaucoup moins que un $1/1.000^e$ de la seconde, i.e., pendant ce laps de temps, elle a le temps d'apparaître et de disparaître en franchissant des distances de plusieurs kilomètres.

[1] Une unité de mesure russe. Un arshin est exactement égal à vingt-huit pouces anglais (71,12 cm).

Mais - objecterez-vous - 1/1000ᵉ de seconde n'est pas un vrai temps lilliputien, car personne n'appellerait mille un géant numérique. Si vous considérez un millionième de seconde, vous pouvez probablement dire que c'est le cas. Vous pouvez argumenter qu'il s'agit d'un intervalle de temps pendant lequel rien ne peut arriver. Mais c'est aussi faux. Même un millionième de seconde n'est pas une période trop courte pour la physique moderne par exemple. Les phénomènes lumineux et électriques (en physique) durent très souvent des temps beaucoup plus petits. Premièrement, nous pouvons nous rappeler que la lumière parcourt 300.000 kilomètres par seconde (dans le vide), donc en un millionième de seconde, un faisceau lumineux parcourt une distance de 300 mètres – à peu près la même distance parcourue par le son en une seconde entière.

Ensuite, la lumière est un phénomène ondulatoire, et le nombre d'ondes lumineuses qui traversent un point dans l'espace chaque seconde peut atteindre des centaines de milliards. Les ondes lumineuses qui provoquent une sensation de lumière rouge lorsqu'elles agissent sur nos yeux ont une fréquence d'oscillation de 400 milliards par seconde. Cela signifie qu'en moins d'un millionième de seconde, 400.000.000 d'ondes pénètrent dans nos yeux, ou l'équivalent d'une onde qui pénètre dans nos yeux chaque 1/400,000,000,000,000ᵉ de seconde. Cela constitue un vrai lilliputien numérique !

Mais sans aucun doute un millionième de seconde peut toujours être considéré comme un vrai géant par rapport aux plus petits lilliputiens. Nous pouvons trouver ces derniers en étudiant la physique des rayons X. Ces rayons remarquables ont une propriété merveilleuse car ils peuvent pénétrer de nombreux corps opaques. Ces rayons sont similaires aux rayons visibles car il s'agit d'un phénomène ondulatoire, mais leur fréquence d'oscillation est considérablement supérieure à celle des rayons visibles. Cette fréquence atteint 25.000 milliards par seconde. Une onde X a une fréquence 60 fois plus grande que la fréquence de la lumière rouge visible. Gulliver n'était que 10 fois plus grand que les Lilliputiens et pourtant il ressemblait à un géant. Ici, un lilliputien est soixante fois plus grand que l'autre. Par conséquent, il a tous les droits d'être nommé un géant par rapport à l'autre.

Un Espace Lilliputien

Il est intéressant de considérer maintenant les distances les plus courtes qui peuvent être mesurées par la recherche moderne.

Dans le système métrique, la plus petite unité de longueur pour les personnes ordinaires est le millimètre. Cette unité vaut environ la moitié de l'épaisseur d'une allumette. Pour mesurer des objets visibles à l'œil nu, une telle unité de longueur est suffisante. Mais pour mesurer les ciliés, les bactéries et autres petits objets qu'on ne distingue qu'à travers un microscope puissant, le millimètre est trop grand. Afin de remédier à cette situation, les chercheurs utilisent d'autres unités plus petites comme le micron, qui est 1000 fois plus petit qu'un millimètre. Les soi-disant globules rouges qui sont présentes dans le sang avec une concentration de dizaines de millions dans chaque goutte de notre sang ont une longueur de 7 microns et une épaisseur de 2 microns. Une pile de 1000 cellules de ce type a l'épaisseur d'une allumette.

Aussi petit qu'il puisse nous apparaître, un micron est encore trop grand pour certaines distances qui doivent être mesurées en physique moderne. De minuscules particules appelées molécules et qui composent la substance de tous les corps naturels sont invisibles même au microscope. Elles sont composés d'atomes encore plus petits et dont la taille est $1/10.000^e$ à $1/1.000^e$ du micron. Donc, si vous considérez un grain de poussière de 1 millimètre, il s'avère que dans le meilleur des cas, un atome est un millionième de ce grain (et nous savons déjà à quel point un million est un géant !). En alignant 1 million de ces atomes les uns après les autres en ligne droite, vous obtiendriez un millimètre.

Pour imaginer de manière vivante l'extrême petitesse des atomes, considérons l'image suivante : Imaginez que tous les objets sur Terre ont eu leurs tailles multipliées par un million. La tour Eiffel (300 mètres de haut) aurait une hauteur de 300.000 kilomètres et sa pointe irait dans l'espace et se trouverait à proximité immédiate de l'orbite de la Lune. Un homme ferait 1800 km de taille, un pas de ce géant le déplacerait de 600 à 700 verstes. Les milliards de minuscules cellules sanguines qui flottent dans notre sang mesureraient 7 mètres de diamètre chacune. Les cheveux auraient une épaisseur de 117 mètres. Une souris atteindrait 100 verstes de long et une mouche mesurerait 8 verstes. Quelle serait la taille d'un atome dans ce nouveau monde ? Vous ne le croiriez pas : Un atome aurait la taille d'un point typographique... de ce livre !

Avec l'atome, nous atteignons les limites extrêmes de la petitesse spatiale. La mesure des dimensions de celui-ci nécessite des techniques de physique sophistiquées. Mais maintenant, nous savons que même l'atome, que nous pensions être le bloc de construction indivisible de l'univers, se compose de pièces beaucoup plus petites et est le théâtre d'action de forces puissantes.

Un atome, par exemple un atome d'hydrogène, est constitué d'un noyau central et d'un électron rapide en orbite autour de lui. Sans entrer dans plus de détails, parlons uniquement de la taille de ces composants atomiques. Le diamètre de l'orbite l'électron est mesuré en milliardième du millimètre, tandis que celui du noyau est mesuré en mille milliardième du millimètre. En d'autres termes, le diamètre de l'orbite l'électron est presque un million de fois plus petit que celui de l'atome, tandis que le diamètre du noyau est un milliard de fois plus petit que celui d'un atome. Si vous souhaitez comparer la taille de l'électron avec la taille d'un grain de poussière, le calcul vous montrera que l'électron est le grain de poussière ce que ce grain de poussière est au globe !

Vous pouvez clairement voir que si un atome est un lilliputien par rapport aux objets habituels, il est en même temps un géant par rapport à l'électron avec la même échelle de grandeur lorsque l'on compare l'ensemble du système solaire à la Terre.

Nous pouvons maintenant composer la série instructive suivante dans laquelle chaque membre est un géant par rapport au précédent, et un lilliputien par rapport au suivant :

L'électron,

l'atome,

le grain,

la maison,

La terre,

le système solaire,

la distance à l'étoile polaire.

Chaque membre de la série est environ un quart de million[1] plus grand que le précédent. Il est aussi un quart de million plus petit que le suivant. Rien ne prouve avec autant d'éloquence la relativité des concepts de « grand » et de « petit » aussi bien que la série ci-dessus. Dans la nature, grand ou petit sont complètement subjectifs. Tout peut être extrêmement grand et extrêmement petit, selon la façon dont vous le regardez et le comparez à autre chose. Nous terminerons par les mots d'un physicien britannique :[2] « Le temps et l'espace sont des concepts purement relatifs. Si aujourd'hui à minuit tous les objets - y compris nous-mêmes – se seraient réduits d'un facteur de 1000, nous n'aurions absolument pas remarqué ce changement. Il n'y aurait aucune indication qu'il y ait eu une telle réduction. De même, si tous les événements et toutes les horloges se seraient avancés dans le même sens d'une même durée, nous ne pensions pas non plus que quelque chose a changé. »

Des Géants et des Lilliputiens

Notre présentation des géants et des lilliputiens du monde des nombres serait incomplète si nous ne parlions pas au lecteur d'une curiosité étonnante de ce genre - une astuce, bien qu'ancienne, elle vaut une douzaine de nouvelles astuces. Pour comprendre celle-ci, posons-nous la question suivante, apparemment sans prétention :

Quel est le plus grand nombre qu'on puisse écrire avec trois chiffres ?

Nous devons répondre : 999 - mais vous soupçonnez probablement déjà que la réponse est différente, sinon la tâche serait trop simple. Et en effet, la bonne réponse s'écrit :

Cette expression signifie « neuf puissance neuf puissance neuf ». En d'autres termes : vous devez faire un produit d'un grand nombre de neuf. Commençons par multiplier neuf 9s :

1 Cela fait référence aux dimensions linéaires, c'est-à-dire le diamètre de l'atome, le diamètre du système solaire, la hauteur ou la longueur de la maison, etc.
2 Fournier d'Albe. «Deux nouveaux mondes». 1907

Chapitre X : Des Nombres Lilliputiens

$$9 \times 9 \times 9 \times 9 \times 9 \times 9 \times 9 \times 9 \times 9.$$

Il suffit de se lancer dans ce calcul pour ressentir l'énormité du résultat à venir. Si vous avez assez de patience pour effectuer la multiplication de neuf neufs, vous obtiendrez le nombre suivant :

$$387.420.489$$

Le devoir vient de commencer : Maintenant nous devons trouver la valeur de $9^{387420489}$, c'est-à-dire le produit de 387.420.489 neufs. En gros, vous allez faire environ 400 millions de multiplications... Vous n'aurez certainement pas le temps de terminer tous ces calculs. Aussi, je suis incapable de vous dire le résultat final exact et cela est dû à trois rasions. Premièrement, personne n'a jamais calculé exactement ce nombre. Seul le résultat approximatif est connu. Deuxièmement, même si ce nombre était calculé, l'imprimer nécessiterait au moins un millier de livres comme celui-ci, car notre nombre se compose de 369.693.100 chiffres ; en utilisant une taille de police ordinaire, sa longueur serait d'environ 1000 verstes... Enfin, même si on me fournissait une quantité suffisante de papier, je ne pourrais pas satisfaire votre curiosité et maintenant vous allez comprendrez pourquoi : Si j'étais capable d'écrire sans interruption au rythme de deux chiffres par seconde, j'écrirais 7.200 chiffres par heure, et si je pouvais écrire ces chiffres en continu sans interruption jour et nuit, j'écrirais 172.800 chiffres par jour. Par conséquent, si je continue à écrire ces chiffres jour et nuit sans prendre de vacances, il me faudrait au moins sept ans pour compléter ce nombre...

Vous voyez que le nombre de chiffres dans notre résultat est incroyablement énorme. Aussi énorme que cela puisse être, pouvons-nous l'exprimer en utilisant des nombres énormes connus ?

Archimède a une fois calculé le nombre de grains de sable qui seraient nécessaires si toutes les étoiles fixes étaient remplies de cette matière. Il a obtenu un nombre à 64 chiffres. Mais notre nombre n'est pas composé de 64 chiffres, il est composé de 370 millions de chiffres, donc il est incommensurablement plus grand

143

que le grand nombre d'Archimède.

Procédons de la même manière qu'Archimède, mais au lieu de calculer le nombre de grains de sable, calculons le nombre d'électrons. Considérons les dimensions de l'univers et prenons la valeur limite la plus élevée acceptable par la science moderne. A savoir, il y a des raisons de croire que le diamètre de l'univers ne peut pas dépasser la distance parcourue par un rayon lumineux en un milliard d'années (la lumière parcourt 300.000 kilomètres par seconde). Imaginez maintenant que tout l'univers avec la taille ci-dessus est complètement rempli d'un métal dense - le platine, dans lequel chaque atome contient 78 électrons. Combien d'électrons cet univers virtuel contiendrait-il ? Les calculs donnent un nombre composé de « seulement » 100 chiffres. Combien d'« univers de platine » seraient nécessaires pour accueillir

$$9^{9^9}$$

électrons ? Le nombre requis de tels univers contiendrait lui-même environ 369 693 chiffres... Vous pouvez voir que remplir l'univers entier - le plus grand espace que nous connaissons - avec des électrons, c'est-à-dire le plus petit objet que nous connaissons - ne nous permettra pas d'atteindre la valeur de notre nombre gigantesque (même pas une petite partie de celui-ci), qui se cache modestement sous l'écriture :

$$9^{9^9}$$

Notre tentative de faire connaissance avec ce géant masqué n'a conduit qu'à la confusion. Si on vous demande quel est le plus petit nombre que vous pouvez écrire avec trois chiffres, vous ne serez pas satisfait de ces nombres :

$$100; \quad \frac{1}{99}; \quad 0{,}01,$$

Chapitre X : Des Nombres Lilliputiens

Vous écrirez probablement quelque chose comme :

$$\frac{1}{9^9}.$$

C'est en effet un très petit nombre, car il est égal à :

$$\frac{1}{387420489}.$$

Cependant, de modestes intrusions dans l'algèbre vous donnent les moyens d'écrire un nombre beaucoup plus petit, à savoir :

$$9^{-9^9}.$$

Ce nombre est égal à :

$$9^{-387420489}, \text{ i.e. } \frac{1}{9^{38720489}}$$

En d'autres termes, nous avons ici un nombre géant familier, mais comme il est situé dans le dénominateur, il devient un lilliputien.

Chapitre XI : Voyages arithmétiques

Votre voyage autour du monde

Il y a quinze ans, j'ai rencontré une personne lors d'un événement social. Lorsque nous avons échangé nos cartes de visite, la désignation de sa profession était tout-à-fait extraordinaire. Son titre disait : « Le premier voyageur russe à pied autour de la Terre. » À l'époque, j'ai vu des Russes voyager vers d'autres parties du monde et même effectuer des voyages autour du monde, mais je n'ai jamais vu un voyageur faire un tour du monde « à pied ». Curieux, je me suis dépêché de faire la connaissance de cet homme aventureux et infatigable.

Ce merveilleux voyageur était jeune et avait une apparence très modeste. Interrogé sur la période pendant laquelle il avait fait son voyage extraordinaire, il m'a expliqué qu'il le faisait en ce moment. Quelle route a-t-il empruntée ? Shuvalovo[1] - Petrograd. Plus il m'expliquait les détails, plus il devenait clair que son titre de « premier Russe… » était plutôt douteux car il n'a jamais franchi les frontières de la Russie.

- Alors, comment allez-vous terminer votre voyage autour du monde ? J'ai demandé.

- L'objectif principal est d'atteindre une distance équivalente à la circonférence de la Terre, et cela peut être fait en Russie sans qu'il soit nécessaire de franchir ses frontières. À mon étonnement, il a ajouté : J'ai déjà parcouru dix kilomètres et reste…

- Un total de 39.990. Bonne chance !

Je crois qu'il sera en mesure de compléter cette distance. Je n'en ai aucun doute. Même s'il ne voyagerait plus, retournerait immédiatement dans son Shuvalovo natal et y vivrait pour toujours, il serait capable de parcourir 40.000 kilomètres. J'ai peur qu'il ne soit pas la première ni la seule personne à avoir fait un tel exploit. Moi, vous et la plupart des autres Russes ont le même droit au titre de « voyageur à pied russe autour de la Terre », selon la compréhension du marcheur ci-dessus. Car chacun de nous, même s'il est resté toute sa vie dans sa ville natale, avait au cours de sa vie,

---

1 Shuvalovo – Une petite station à 10 kilomètres de Petrograd.

Chapitre XI : Voyages arithmétiques

sans le savoir, parcouru cette distance, et même des distances qui sont plus longues que la circonférence de la Terre. Maintenant, un petit calcul arithmétique vous en convaincra.

Chaque jour, il est probable que vous passiez au moins 5 heures debout : Vous marchez dans les chambres, le jardin, les rues, en un mot, vous vous déplacez. Si vous avez un podomètre dans votre poche (un appareil pour compter les pas), il montrera que vous faites au moins 30.000 pas tous les jours. Mais même sans podomètre, il est clair que la distance que vous parcourez dans une journée est très impressionnante. Un homme qui marche le plus lentement possible peut parcourir 4 à 5 kilomètres en une heure. Pendant une journée, c'est-à-dire en 5 heures, il ferait 20-25 kilomètres. Il reste maintenant à multiplier cette distance par 360 afin d'estimer la distance parcourue en un an :

$$20 \times 360 = 7200, \text{ ou } 25 \times 360 = 9000.$$

Ainsi, les personnes les plus sédentaires, peut-être celles qui n'ont jamais quitté leur ville natale, parcourent annuellement environ 8.000 kilomètres à pied. La circonférence du globe étant de 40.000 kilomètres, il est facile de calculer le nombre d'années nécessaire pour parcourir une distance égale à cette circonférence :

$$40000 / 8000 = 5.$$

Ainsi, en 5 ans, vous ferez une distance égale à la circonférence du globe. Chaque garçon de 13 ans, si l'on suppose qu'il a commencé à marcher après deux ans - a fait deux voyages « autour du monde ». Chaque homme de 25 ans a effectué au moins 4 voyages de ce type. Et avant qu'un homme n'atteigne 60 ans, il aurait fait dix fois le tour du globe, c'est-à-dire traversé une distance qui est plus longue que la distance de la Terre à la Lune (380.000 kilomètres). Un résultat aussi inattendu est impressionnant lorsque nous savons que nous ne faisons que marcher à l'intérieur de nos maisons et autour d'elles.

Votre ascension du Mont Blanc

Voici un autre calcul intéressant. Si vous demandez au facteur qui livre chaque jour des lettres à leurs destinataires, ou à un médecin, visitant ses patients pendant une journée bien remplie, s'ils ont fait l'ascension du Mont-Blanc - ils seraient certainement surpris par une question aussi étrange. En attendant, vous pouvez facilement prouver à ces derniers que, même s'ils ne sont pas des grimpeurs, ils ont probablement grimpé au cours de leurs années de service une hauteur qui dépasse même les plus grands sommets des Alpes. Il suffit de calculer le nombre d'escaliers qu'un facteur ou un médecin monte chaque jour, lorsqu'il remet des lettres ou rend visite aux patients. Il s'avère que le facteur le plus humble, ou le médecin, qui n'a jamais pensé au sport, peut détenir des records du monde en termes de hauteurs grimpées.

A titre d'illustration, prenons des chiffres moyens assez modestes; Supposons qu'un médecin visite en moyenne dix personnes par jour. Ces personnes peuvent vivre au deuxième, troisième, quatrième, cinquième étage, etc. - prenons le troisième étage comme moyenne. La hauteur du troisième étage est de 10 mètres, donc un médecin grimpe 100 mètres quotidiennement. La hauteur du Mont Blanc est de 4800 mètres. En la divisant par 100, vous constaterez que notre humble médecin effectue une ascension du Mont Blanc tous les 48 jours...

Tous les 48 jours ou environ 8 fois par an, un facteur ou un médecin monte des escaliers à une hauteur égale au plus haut sommet d'Europe. Dites-moi combien d'athlètes gravissent le Mont Blanc huit fois par an?

Il n'est pas nécessaire d'être facteur pour accomplir de tels exploits. La plupart des gens le font sans le savoir. Je vis dans un appartement au 2ème étage. Un escalier de 20 marches est nécessaire pour accéder à ce logement. Ce nombre est apparemment très modeste. Cependant, sur une base quotidienne, j'utilise ces escaliers 5 fois. De plus, presque tous les jours, je visite un ami qui habite au 4e étage. Par conséquent, en moyenne, on peut supposer que chaque jour, je monte 20 marches 7 fois. Ces 140 marches par jour donnent le nombre suivant pas an :

Chapitre XI : Voyages arithmétiques

Un facteur dans son « ascension du Mont Blanc »

$140 \times 360 = 50400$ marches.

Ainsi, chaque année, je monte plus de 50.000 marches. Si je vivrais jusqu'à l'âge de 60 ans, j'aurais grimpé au sommet d'une échelle imaginaire de trois millions de marches. Quelle ascension gigantesque ! Mais ce n'est rien comparé aux hauteurs que certaines personnes ont gravies en raison de leur profession, comme par exemple les opérateurs d'ascenseur. Quelqu'un a calculé qu'un opérateur d'ascenseur d'un gratte-ciel de New York atteindrait en 15 ans de service la hauteur de la lune...!

Laboureurs itinérants

Jetez un coup d'œil sur l'étrange motif de la figure suivante. Qui sont ces laboureurs héroïques qui sillonnent le monde ?

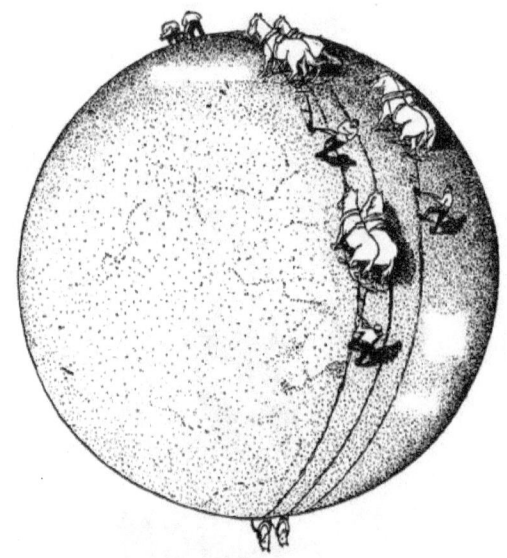

« Qui sont ces laboureurs héroïques qui sillonnent le monde ? »

Pensez-vous que ce dessin a été créé par un artiste à l'imagination trop débordantes et incontrôlable ? Pas du tout : L'artiste a simplement représenté graphiquement ce que des calculs arithmétiques fiables ont produit. Chaque laboureur et sa charrue traversent sur plusieurs années (4-6 ans) une distance égale à la circonférence du globe. Ce résultat inattendu peut être obtenu par des calculs arithmétiques facilement réalisables par le lecteur.

Voyage discret jusqu'au fond de l'océan

Des déplacements très impressionnants sont effectués par des personnes travaillant dans des sous-sols et des entrepôts souterrains, etc. Plusieurs fois par jour, ils empruntent les escaliers

Chapitre XI : Voyages arithmétiques

pour déplacer des objets et autres marchandises. En quelques mois, ils franchissent la distance de plusieurs kilomètres. Il est facile de calculer le temps nécessaire à un travailleur en sous-sol pour descendre une distance égale à la profondeur de l'océan. Si la hauteur d'un escalier est de seulement 1 brasse, soit 2 mètres, et que le travailleur l'utilise 10 fois par jour, alors en un mois, il descendrait une profondeur de $30 \times 20 = 600$ mètres, et dans une année une profondeur de $600 \times 12 = 7200$ mètres, soit plus de 7 kilomètres. N'oubliez pas que l'endroit le plus profond des continents n'est qu'à 2 kilomètres de profondeur !

Supposons que les escaliers mènent au fond de l'océan, alors tout travailleur en sous-sol aurait atteint le fond de l'océan dans environ un an (la profondeur maximale de l'océan Pacifique est d'environ 9 kilomètres). Sans le savoir, un ouvrier aurait descendu les profondeurs de l'océan Pacifique et aurait connu le royaume mystérieux des créatures bizarres des grands fonds, qui jusqu'à présent, ne sont vus que par les chercheurs explorant les mers profondes.

Voyageurs assis sans se déplacer

Ne pensez pas que les déplacements arithmétiques s'appliquent uniquement aux personnes en mouvement. Il y a des gens qui assis immobiles à leur postes de travail font néanmoins de longs pèlerinages. Jusqu'où voyagerait un tisserand assis sur son siège travaillant assidûment sur sa machine à coudre ? Il s'avère qu'il n'échappe pas au sort d'être un globe-trotter. Chaque seconde, ses doigts agiles parviennent à faire des va-et-vient d'environ 50 centimètres. Combien feraient-ils en une heure ?

$$50 \times 60 \times 60 \text{ cm} = 180\,000 \text{ cm} = 1800 \text{ mètres}.$$

Ainsi, le tisserand parcourt près de 2 kilomètres à l'heure. En une journée de travail de 8 heures, il parcourrait plus de 14 kilomètres.

Il est facile de calculer combien de temps il lui faudrait pour effectuer une révolution complète autour de la Terre. En divisant la circonférence de la Terre (40.000 kilomètres) par 14, nous obtenons plus de 2800 jours. Cela signifie qu'après 8 ans de travail acharné, notre tisserand aurait fait un tour du monde complet du bout des doigts.

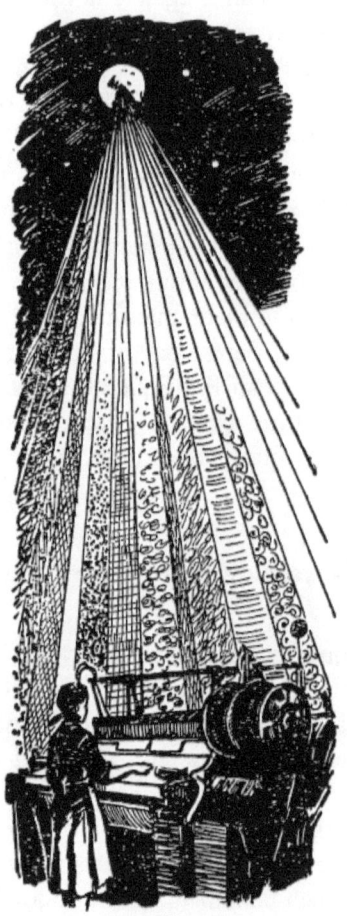

Combien de temps faudrait-il à un tisserand pour atteindre la Lune?

En fait, vous ne pourriez pas trouver un homme qui, d'une manière ou d'une autre, n'a pas fait un voyage complet au tour du monde. Aujourd'hui, une personne extraordinaire n'est pas celle qui a fait le tour du monde. Au contraire, c'est celui qui ne l'a pas fait. Et si quelqu'un pouvait vous assurer qu'il n'a pas effectué un tel exploit, j'espère que vous pourrez maintenant lui prouver « mathématiquement » qu'il fait exception à la règle générale.

- Fin -

ISBN : 978-3-96787-982-7

www.ingramcontent.com/pod-product-compliance
Lightning Source LLC
LaVergne TN
LVHW040101080526
838202LV00045B/3725